基于RZWQM2和神经网络的精确灌溉决策系统

JIYU RZWQM2 HE SHENJING WANGLUO DE JINGQUE GUANGAI JUECE XITONG

顾 哲　袁寿其　齐志明　缴锡云　徐俊增 / 著

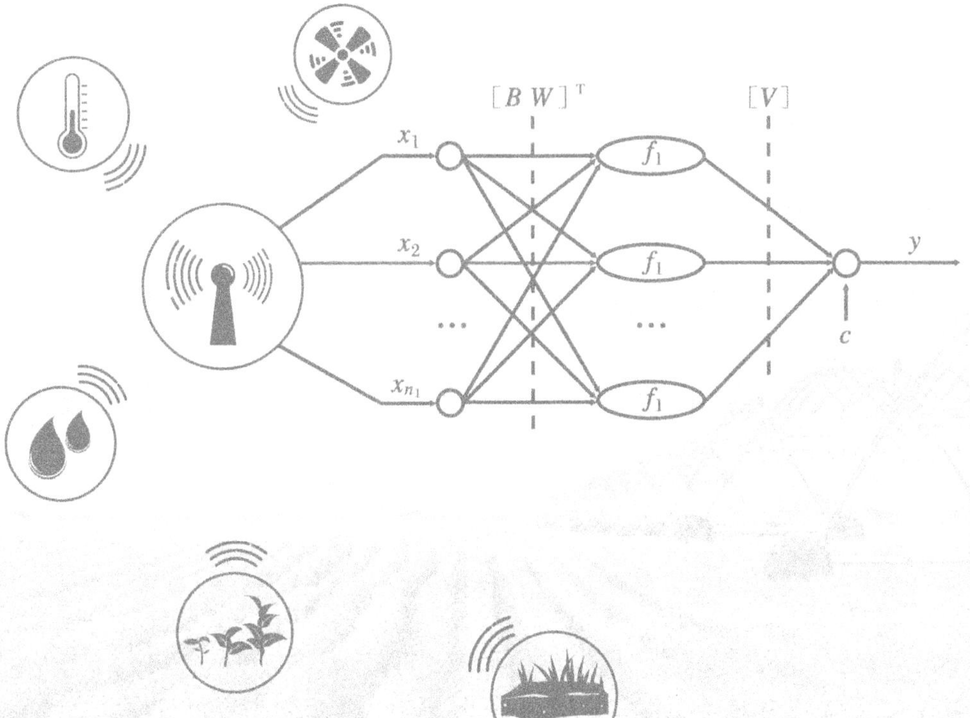

河海大学出版社
HOHAI UNIVERSITY PRESS
·南京·

图书在版编目(CIP)数据

基于RZWQM2和神经网络的精确灌溉决策系统 / 顾哲等著. -- 南京 : 河海大学出版社, 2021.11

ISBN 978-7-5630-6933-0

Ⅰ. ①基… Ⅱ. ①顾… Ⅲ. ①灌溉系统 Ⅳ. ①S274.2

中国版本图书馆CIP数据核字(2021)第075041号

书　　名　基于RZWQM2和神经网络的精确灌溉决策系统
书　　号　ISBN 978-7-5630-6933-0
责任编辑　沈　倩
特约编辑　倪美杰
特约校对　王春兰
封面设计　徐娟娟
出版发行　河海大学出版社
网　　址　http://www.hhup.com
地　　址　南京市西康路1号(邮编:210098)
电　　话　(025)83737852(总编室)　(025)83722833(营销部)
经　　销　江苏省新华发行集团有限公司
排　　版　南京布克文化发展有限公司
印　　刷　广东虎彩云印刷有限公司
开　　本　718毫米×1000毫米　1/16
印　　张　10
字　　数　171千字
版　　次　2021年11月第1版
印　　次　2021年11月第1次印刷
定　　价　60.00元

序 一

1959年4月29日，毛泽东主席提出"农业的根本出路在于机械化"的著名论断。2018年9月25日，习近平总书记强调"大力推进农业机械化、智能化，给农业现代化插上科技的翅膀"。

近年来，我国农业生产方式正加快向智慧农业发展，通过信息技术和智能装备与农业的深度跨界融合，促进农业生产过程的信息感知、精准决策和智能控制，使得传统依赖人力和机械装置的生产方式正转向依赖科学知识和智能装备的高级形式。这对于解决当前农村劳动力日益紧缺与必须保证国家粮食安全之间的矛盾具有重要作用，也是我国长期以来一直高度关注的农业发展问题。

当前，智慧农业的发展在各个领域都表现出可喜的成绩，例如借助高精度北斗导航的无人驾驶农业机械，采用无人机的精准施肥与喷药，物联网技术在田间的应用以及一大批新型高效节能农业装备的研制，人工智能技术在作物识别、果实采摘和区域尺度土地监测等方面的应用也表现出较强的态势。然而，在农业灌溉领域，由于缺乏有效的实时灌溉决策方法，或者多数方法仍停留在理论研究阶段，使得工程技术人员在开发智能灌溉系统时主要偏重系统装备的升级，而在应用智能决策方面的创新较少。本书正是针对实时灌溉决策方法及其应用方面的不足，通过理论分析对比阐述灌溉决策的一般性规律，进而解决其在灌溉工程中的跨专业应用问题，具有一定的参考借鉴意义。

2021年，正是我国社会主义现代化强国建设的开局之年，也是"十四五"规划的开启之年，真心希望智能农机和智慧农业在下一阶段中能加快发展，进一步将科技成果惠及农民，促进我国农业现代化发展。同时，希望在农业灌溉决策方面，在借鉴本书成果的基础上，出现更多、更好、更智能的灌溉决策系统，灌溉水利用效率也得到进一步提高，为我国建设节能节水型社会和农业现代化作出贡献。

中国工程院院士

2021 年 3 月 10 日

序 二

本书是在多年研究基础上完成的，在这一过程中，得到了多方的大力支持。研究工作得到了国家高技术研究发展计划（“863 计划”）“精确喷灌技术与产品”，项目编号 2011AA100506 和“十三五”国家重点研发计划“适应西北典型农区的绿色高效节水灌溉装备研制与开发”，项目编号 2016YFC0400202 资助。在江苏大学攻读博士学位期间我有幸得到了国家基金委 CSC 的资助，赴加拿大麦吉尔大学（McGill University）生物资源工程系齐志明副教授的课题组开展联合培养。在齐志明老师的指导下系统地学习了农业系统建模，将农业系统模型应用到了实时灌溉决策中，开发了一款基于 RZWQM2 水分胁迫预测的实时灌溉决策系统软件。中国科学院新疆生态与地理研究所桂东伟研究员的团队提供了新疆策勒荒漠草地生态系统国家野外科学观测研究站的前期棉田灌溉实验数据，美国农业部农业研究局 USDA-ARS 的 Liwang Ma 和 Gary Feng 两位研究员的团队提供了利用美国科罗拉多和密西西比州多年大田灌溉实验数据率定的 RZWQM2 模型场景，使得我们能够对基于 RZWQM2 模型的灌溉决策软件开展田间应用之前的虚拟测试。在虚拟测试成功之后的灌溉决策系统的实地构建方面，有幸得到了中国科学院新疆生态与地理研究所策勒站和江苏省句容市戴庄村有机农业合作社的大力支持，方得以在此书中展示。在此向上述单位和个人，以及在实验过程中提供帮助的师长和同学们，一并表示衷心的谢意！

在本书即将付梓之际，喜闻曾莅临本人开展实验的戴庄村温室试验地指导的赵亚夫先生被表彰为全国脱贫攻坚楷模。长期以来赵先生一直坚持推广农艺技术，扎根祖国大地，把造福百姓作为毕生的追求。赵先生的事迹也鼓舞着我们农业工程领域的从业人员坚持理想，不忘初心，深化多学科融合，开拓农业工程系统化研究的新领域，把研究成果写在祖国大地上，切切实实地推动新时代农业工程的发展。

本书适用于正在学习灌溉决策的研究人员和学生，有志于在灌溉决策方法领域进行深入研究的学者，以及希望将考虑作物需水规律的灌溉决策方法融入到智能灌溉系统中的工程技术人员。本书作者更希望看到的是，通过本书阐述的灌溉决策一般规律和列举的精确灌溉决策系统实例，读者们能受到启发并拓展我国实时智能化灌溉决策系统开发的广度和深度。

由于作者水平有限，本书中难免存在错漏或不当之处，分析的深度也存在不足。欢迎广大读者批评指正。

顾　哲

2021 年 2 月 27 日

前言

我国农业灌溉水资源匮乏，长期以来，在灌溉技术方面通过采用喷滴灌技术和装备提高了灌溉水利用效率(*IWUE*)，但是在以作物需水量为基础的灌溉决策技术及其控制集成系统方面研究不足。目前我国应用的灌溉决策方法比较单一，基本采用基于蒸散量和水量平衡的方法或基于土壤含水量的方法，有些采用基于专家知识的模糊灌溉决策方法，这些方法都不能精确反映作物受环境影响的需水规律，不利于灌溉决策技术的深入理解和推广应用。针对这些问题，本书从灌溉决策技术的研究出发，通过总结归纳、理论分析、模型模拟试验和田间试验等，对采用根区水质模型(RZWQM2)水分胁迫的灌溉决策技术及其系统集成进行了系统研究，主要研究内容和创新点如下：

(1) 对国际上成熟应用的灌溉决策技术进行了系统整理和分析归纳，概括了灌溉决策中以土壤含水量为核心的一般性灌溉决策规律。通过大量文献分析，归纳出当前应用较多的四类灌溉决策方法：即基于ET和水量平衡的方法、基于土壤含水量的方法、基于作物水分的方法和基于模型的方法。详细阐述了四类灌溉决策方法的实现过程，并总结比较其优缺点，在良好实施的基础上，这四类灌溉决策方法均能产生较好的灌溉效果。通过分析四类方法的共同点，揭示了灌溉决策过程基于土壤含水量的本质特征，并给出了保持土壤含水量在适宜范围内的灌溉决策一般性过程。

(2) 首次建立了基于RZWQM2模型水分胁迫的灌溉决策技术和方法。采用良好校准的RZWQM2模型模拟各环境因素下作物的生长，以水分胁迫为反映作物需水的综合性指标触发灌溉，灌水量计算为将当前根系土壤含水量灌溉至田持并减去未来4 d的预测降雨量，设置最小灌水量确保消除当天的水分胁迫。在此基础上采用Java语言开发了灌溉决策软件。采用该方法对美国Colorado州试验田、新疆策勒试验田和美国Mississippi州试验田进行了灌溉测试，结果表明，基于 RZWQM2 水分胁迫的灌溉决策技术与方法能在保证作物产量的基础上尽量减少灌水量，对于干旱和半干旱地区，灌溉水利用效率得到明显提高，对于湿润地区，虽增加了少量灌水但提高了产量。

(3) 揭示了基于 RZWQM2 水分胁迫灌溉决策方法提高灌溉水利用效率的原因。通过对 Colorado 州试验田在基于水分胁迫和原田间灌溉处理下模拟土壤含水量的对比分析发现，基于水分胁迫方法下作物生育期内整体土壤含水量降低，减小了土壤蒸发和作物生育阶段后期不必要的蒸腾量，同时增大了土壤对降雨等非灌溉水资源的储存空间，从而充分利用土壤水和降雨，达到减少灌水量的目的。由于土壤含水量始终保持在作物发生水分胁迫的土壤含水量之上，作物的需水量仍能得到满足，从而保证作物产量。

(4) 探讨了基于 RZWQM2 模型水分胁迫的亏缺灌溉决策方法。通过改变触发灌溉的水分胁迫阈值 *WST* 和灌溉水平系数 *K* 设计不同的亏缺灌溉方案，采用开发的灌溉决策软件对其进行测试，结果表明，在亏缺灌溉方案下仍能得到较高的产量和灌溉水利用效率，降低灌溉水平系数 *K* 能起到节约用水量和提高 *IWUE* 的作用。对于干旱和半干旱地区(Colorado 州试验田、新疆策勒试验田)，设置 *WST*(*TURFAC*，叶膨压胁迫因子)低于 0.6 时容易降低产量，而在湿润地区，适当降低 *WST*(如采用 *TURFAC*，*WST*=0.5)不仅仍能保持较高的产量，而且能提高 *IWUE*。

(5) 建立了集成灌溉决策和控制系统的精确灌溉模式。采用开发的灌溉决策软件，在新疆策勒试验田与精确滴灌系统进行了集成应用。设计了单片机软硬件实现了基于水分胁迫的电脑端灌溉决策到滴灌控制系统的连接，实现了智能灌溉。以句容日光温室樱桃番茄灌溉决策控制系统开发为例，给出了从采用基本的基于 ET 和水量平衡的方法进行灌溉决策，到田间参数测量、灌溉系统设计、RZWQM2 模型率定以及最终实现基于 RZWQM2 水分胁迫灌溉决策方法的一套完整实例，为实现灌溉决策和精确灌溉系统的集成提供了有效的系统解决方案。

(6) 首次建立了基于 RZWQM2 的神经网络灌溉决策模型。鉴于根系土壤含水量在灌溉决策过程中的主导性作用，和 RZWQM2 模型在模拟环境变化下土壤含水量的准确性，针对该模型应用平台的局限性，采用神经网络模型学习 RZWQM2 模型在不同气象和根系深度时土壤含水量的变化，从而代替 RZWQM2 模型模拟作物生育期土壤含水量变化。采用耗水子模型和补水子模型分别对 7 个深度的土壤层含水率进行训练和测试，训练样本采用 2008—

2010 年 Colorado 州试验田基于 ET 和水量平衡的田间灌溉处理方案下 RZWQM2 模拟值。测试结果表明，神经网络模型可以较好地模拟不同层土壤含水率在气象（包括降雨）和灌溉条件下的变化，并由此准确计算根系深度土壤含水率的变化。采用训练的神经网络模型，以类似基于 RZWQM2 水分胁迫的灌溉决策方法，对 2008—2010 年 Colorado 州试验田进行了灌溉决策测试，结果表明，通过适当的调整，基于神经网络的灌溉决策方法总体上能达到与基于 RZWQM2 水分胁迫方法接近的灌溉效果，使用较少的灌水量并保持产量，但受到训练样本数的限制和土壤含水量下限设置的影响，其预测误差导致与基于水分胁迫方法在灌溉时间上有所偏差，灌溉量和产量也稍有变化。通过增加训练样本的覆盖率，神经网络模型还有进一步提高预测准确性的空间，从而实现更好的灌溉决策。

主要符号说明

符号	物理意义	单位	符号	物理意义	单位
γ	干湿表常数	kPa·℃$^{-1}$	$IWUE$	灌溉水利用系数	kg·ha^{-1}·cm^{-1}
Δ	饱和水汽压与温度曲线斜率	kPa·℃$^{-1}$	K	灌溉比例系数	—
ΔI	灌溉节水比例	%	K_c	作物系数	—
$\Delta IWUE$	$IWUE$ 提高比例	%	MAD	最大允许亏缺系数	—
ΔL	土壤层深度	cm	P	降雨量	cm
ΔY	产量增加比例	%	PWU	潜在根系吸水量	cm
θ	土壤含水量	cm^3·cm^{-3}	R	地表径流量	cm
θ_{fc}	田持土壤含水量	cm^3·cm^{-3}	R_n	作物冠层净辐射	MJ·m^{-2}
θ_{wp}	凋萎点土壤含水量	cm^3·cm^{-3}	$\overline{SWS}$	平均土壤储水量	cm
ρ	空气密度	kg·m^{-3}	SWS_o	初始土壤储水量	cm
c_p	空气体积比热	MJ·m^{-3}·℃$^{-1}$	SWS_e	最终土壤储水量	cm
D	土壤水分亏缺	cm	T	空气温度	℃
D_s	深层渗漏量	cm	T_a	实际蒸腾量	cm
E_a	实际蒸发量	cm	T_p^{SW}	潜在蒸腾量	cm
ET_0	参考蒸散量	cm	VPD_0	平均冠层高度处空气饱和水汽压差	kPa
ET_c	作物蒸散量	cm	WST	水分胁迫阈值	—
G	土壤热通量	MJ·m^{-2}	Y	产量	kg·ha^{-1}
IR/I	灌溉量	cm	Y_0	雨养产量	kg·ha^{-1}

目 录

第一章　绪　论

1.1　研究背景

据估计，全球使用的耕地约为 1.55×10^9 ha，约占地球陆地面积的 12%，至 2050 年，全球耕地面积有望达到地球陆地面积的 13%[1]，其中，灌溉耕地对世界农业总产出作出了重要的贡献[2]，随着人口增长，到 2025 年，这些灌溉用地还可能会提供 80%增加的食物需求[3]。另一方面，水资源亏缺的加剧也给粮食安全埋下了隐患，特别是当前城市用水和工业用水增加对水资源的抢夺[2,4]，以及水资源浪费[2]，使本身需求增加的农业用水（占总水量的 40%到 80%）[3,5]短缺雪上加霜。在有限耕地资源，特别是灌溉用地资源和有限水资源的前提下，未来农业仍然必须满足增长人口的粮食安全，这给灌溉科学中提高用水效率和产量的研究带来了更大的压力[3]。

在我国，耕地水资源约为世界平均数的 4/5 且分布不均匀，在长江以北地区的耕地超过 60%却仅占有不到 20%的水资源，更加糟糕的是，随着城市和工业用水的增加，我国农业用水占有量从 21 世纪初的 70%逐渐下降[6]，2011 年数据显示农业用水比例下降为 61.5%[7]。在有限农业水资源的情况下，我国的水资源利用效率（30%～40%）相比发达国家（可达 80%～90%）较低，因此，提高农业用水效率是保障我国农业产出的唯一途径。我国政府高度重视高效节水灌溉问题，在 2018 年的中央一号文件《中共中央 国务院关于实施乡村振兴战略的意见》中指出：实施国家农业节水行动，加快灌区续建配套与现代化改造，推进小型农田水利设施达标提质，建设一批重大高效节水灌溉工程。由此可见，高效节水灌溉是今后农业灌溉工程发展的重中之重。

为提高农业用水效率，一方面可以改变灌溉方式，如将传统的漫灌、沟灌转变成高效的喷灌、微喷灌、滴灌、膜下滴灌等先进的灌水方式，减少水分流失和蒸发。但更重要的是，需要从机理上掌握作物在不同气象、土壤、生长阶段对水分需求的规律，并根据作物需求，采用上述先进灌溉方式，实现精确的灌溉时间和灌水量控制，这也是精准农业[8,9]和变量灌溉[10]的统一要求。实现精准农业和变量灌溉，需要开展作物生长模型、灌溉制度[11]等方面的研究，从而掌握作物需水规律，同时，也需要实现灌溉系统或灌溉装备的自动化和智能化[12,13]，两者相辅相成，缺一不可。即使具有非常精确的灌溉系统或装备，若不能针对作物状况实施适时适量的有效灌溉，也将引起水资源浪费和作物减产；同样地，若有良好的灌溉计划，但不能准确地按照计划进行灌溉控制，那么也终将功亏一篑。由于灌溉系统自动化、智能化属于农业机械化和电气控制领域，而作物需水规律、灌溉制度研究属于农业水土领域，长期以来，这两个领域不能进行很好的融合，很难实现较高程度的精准灌溉。农业灌溉是一个系统工程，只有将精确控制的灌溉系统或装备用于灌溉科学的应用实践和研究工作中，才能真正发挥它的有益作用并推动灌溉科学的深入发展。

制定良好的灌溉方案的难点在于，不同的作物在不同的生育阶段对水分的需求不同，而且受到气象条件和土壤含水量等因素的影响。作物根系通过吸收土壤中的水分进行光合作用，并汲取土壤中的养分以供作物各器官的生长，在雨水不足或分布不均的区域，灌溉是保证作物生长的最重要途径，但同时灌溉又必须合理地进行决策，否则可能导致作物在重要的生长阶段遭受水分胁迫而减产，抑或水分太多产生地表径流和/或深层渗漏，将土壤中的养分随排水带走，不仅可能造成水体面源污染，还将影响作物对养分的吸收，影响产量。许多学者提出了确定灌溉时间和灌水量的方法，本书中将这些方法形成的灌溉时间和灌水量计划表称为灌溉制度表，而将每一次灌溉时间和灌水量的确定过程叫作灌溉决策，除了农民经验和基于历史灌溉制度表的方法外，本书将这些方法划分为四大类，其决策过程和原理将在第二章进行详细阐述。

在精确灌溉系统或装备自动化智能化方面，我国虽然与国际领先水平仍存在差距，但是随着我国信息技术、计算机技术和网络技术等高新技术的普及应用[14]，以及对引入电子、通信、控制方面人才和企业力度的加大，增强集成创新[15-17]，也基本能够实现自动化程度较高的灌溉控制系统。但是在集成灌溉决策的精确灌溉系统方面，存在较大的欠缺。

1.2 国内外研究现状

1.2.1 灌溉决策方法研究现状

目前，许多关于灌溉决策的研究聚焦于宏观尺度或作物不同生长阶段的灌水量分配。如，Alvarez 等[18]（2004）采用 MOPECO 经济模型优化年度灌溉量以获取最大经济收益，考虑了众多经济因素，其中，年度作物需水量通过气象数据估计蒸散量得到，产量预测采用 Stewart 等[19]（1977）产量方程。García-Vila 等[20]（2012）通过 AquaCrop[21] 模型计算作物产量随水分变化关系，结合作物和水价格，优化作物种植模式和灌水量，实现作物经济利益的最大化。Morankar 等[22]（2016）通过农业部门记录的产量数据，采用粒子群优化算法优化灌水量获取灌溉最大净收益。在国内，张兵等[23-25]基于水量平衡方程和 Jensen 乘法模型[26]，以最大化单位面积作物净收益或产量为目标，采用遗传算法对作物各主要生育期进行灌水量分配。张育斌等[27]（2017）在此基础上采用序列二次规划算法做了进一步优化。这些研究虽然能给出作物的种植模式和灌水量建议，以提高农民收益，但在实际种植过程中，不能给出每日的灌溉决策建议，帮助农民实现有效的灌溉管理。在传统种植模式下，农民只能依靠经验进行灌溉，灌溉量多并不一定能增加产量，而更重要的是根据气象-作物-土壤条件进行综合的科学决策，因此，如果不关注实时的灌溉决策，在不合适的时间灌溉或灌水量不适合，同样会减少产量，不能达到节约用水和提高产量的目的，在此基础上得到的统计数据进行宏观的收益优化或灌水量优化的可靠性就会降低。

在实时灌溉决策方法方面，国际上主要形成了四类方法，即基于蒸散量计算和水量平衡的方法，基于土壤水分的方法，基于作物水分的方法和基于模型的方法。其中，基于蒸散量和水量平衡的方法是一种相对通用的方法，由联合国粮农组织 FAO-56[28] 文件给出具体的作物参数，Huffman[29]（2013）系统地讲述了这种方法的实施过程。基于土壤水分的方法是一种比较直接的根据土壤水分状况进行灌溉的方法，思路简单，易于与灌溉系统集成，但是触发灌溉的土壤水分阈值往往需要田间试验和科学分析后确定。基于作物水分的方法需要一些更专业的测量手段实现作物器官的水分测量，如液流，叶水势等，通过作物水分阈值触发灌溉，同时这种方法还能给土壤含水量阈值提供参考。

基于模型的灌溉决策是当前比较先进的决策方法，其中的农业系统模型可以对田间气象、作物、土壤以及管理等因素进行综合计算，准确地模拟作物的响应，以及水分、溶质等在土壤中的运移，给出更加可靠的作物生长过程。关于这四类灌溉决策方法的具体原理和对比参见第二章。

国内应用较多的实时灌溉决策方法除了定时定量的方法，即固定时间间隔地进行一定量的灌溉，近年来也较多地采用 ET 计算和水量平衡方法以及基于土壤含水量方法进行灌溉实践[30-33]。杨宝祝等[34]（2002）采用多年的节水灌溉研究成果结合专家知识进行决策，但是由于专家知识具有局限性和区域性，这种方法不能形成规律性的统一认识指导灌溉过程，即专家知识作为一种高级经验不能转化为公式化的、定量的决策方案，因此推广应用较为困难。

1.2.2 农业系统模型研究现状

农业系统模型是拓展有限实验数据而进行更多管理模拟的有力工具。通过集成当前农业系统各方面的知识，模型可以用于从本质的物理、化学和生物过程角度解释、量化和拓展实验结果。因此，模型一方面可以加深研究人员对农业过程的理解，另一方面还可以利用有限的实验数据研究其他管理因素的影响。目前应用较多的农业系统模型有 RZWQM2、DSSAT、APSIM 等，其中 RZWQM2 模型[35]集成了 DSSAT - CSM 作物模型和 SHAW 模型，可以在日尺度上模拟作物生长和田间管理过程，以及在小时尺度上模拟土壤水分、溶质运移和热量传递等。Ahuja[36]，Ma[37]，Fang[38]，Saseendran[39]等人在 RZWQM2 模型的开发应用和灌溉方面进行了大量的研究。目前，RZWQM2 模型已经集成了几种灌溉决策方式，可以通过指定灌溉日期和灌水量，或固定的时间间隔灌溉，以及根据根系缺水状态或 ET 计算进行决策。类似的集成了初步灌溉决策功能的模型还有 SWAT[40]，AquaCrop[41]等。

由于这些农业系统模型使用时往往需要前期较多的实验数据进行率定，而率定过程需要专业研究人员进行，加上缺乏相应的灌溉决策软件将模型进行拓展，故这些模型在实时灌溉决策中的应用较少。虽然率定的模型只能适用于相应的地区，但是随着农业种植区信息采集和田间管理信息的记录逐渐完备，研究人员率定的模型也较多，将这些模型应用到灌溉决策中，将进一步发挥模型的作用，提高这些地区的灌溉管理水平。相比于国内常用的基于数据库、人机交互模型或专家知识建立模糊灌溉决策系统的办法，这些农业系统模型由于集成了众多研究人员多年的研究成果，因此比专家知识更具有一般性，模拟结果也能更加稳定可靠。

1.2.3 灌溉决策软件或系统

基于四类灌溉决策方法，许多决策软件、程序或系统被广泛开发和应用，有时也被称为灌溉决策（支持）系统，用于协助农民完成灌溉决策的计算并给出灌溉时间和灌水量建议。其中，Irrigator Pro 和 SmartIrrigation Apps 比较突出。

Irrigator Pro 是一个根据 25 年节水灌溉管理的科学数据构建的灌溉决策专家系统，该系统依赖土壤基质势和土壤温度等土壤测量数据。该专家系统由美国农业部农业研究局（USDA-ARS）和乔治亚大学（University of Georgia）联合开发，可应用于三种作物：花生、玉米和棉花。Irrigator Pro 已被广泛应用于灌溉决策建议中，特别是在变量灌溉中[42-45]。根据美国农业部国家花生研究实验室网站[46,47]（2017）的描述，该系统通过控制土壤温度和含水量在优选范围内进行灌溉决策，采用类似于基于土壤含水量的方法，Irrigator Pro 根据以下一种或多种情况触发灌溉（注：在 Irrigator Pro 中，*AWC* 是指当前土壤含水量与土壤含水量基准的差值，当前土壤含水量由土壤水分传感器测量）：

（1）干土，即当 *AWC* 降至 0 时触发。

（2）热胁迫，当补水后（灌溉或降雨）最大土壤温度达到允许最大值时触发。

（3）当达到特定的作物生长阶段时触发灌溉，并灌至 *AWC* 达到最大值。

AWC 也可以根据降雨、灌溉和预期用水量，采用查表的方法来计算。然而，Irrigator Pro 没有提供具体的灌溉量建议，但它可以预测在未来 7 d 内，*AWC* 是否会降至 0，以及哪一天需要灌溉。

SmartIrrigation Apps 是在智能手机平台运行的交互式的基于 ET 的灌溉决策工具，包含针对不同种作物的多个应用程序，如柑橘类水果、草皮、草莓、棉花、牛油果以及蔬菜，并且仍然在为其他作物进行开发。这些应用软件可在网站上获取（http://smartirrigationapps.org/）。SmartIrrigation Apps 首先由 Migliaccio 等[48]在 2013 年发布，用于柑橘类水果、草皮和草莓，其后开发了更多的应用软件。SmartIrrigation Apps 是基于 ET 和水量平衡模型开发的，采用气象数据、土壤参数、作物物候、作物系数以及灌水量来估计根区土壤含水量亏缺。当需要灌溉时，这些应用软件会自动通知用户根区土壤含水量亏缺值(以英寸水量体现)以及亏缺值占总水量的比例,来帮助用户确定灌水量。Vellidis 等[49-51](2014—2016)介绍了用于棉花的该软件的开发,其集成的模型的校准和验证,以及其在田间应用的评估。文献指出,用于棉花的应用软件能够合理地预测土壤含水量曲线,并且当与其他灌溉决策方法,如查表方法和作物水分胁迫方法比较时,具有节水的效果。然而,在潮湿年份,相比于雨水补给的处理,该软件的灌溉决策结果不能获得较高的产量和用水效率[52]。Migliaccio 等[53](2016)在介绍针对不同作物的应用的开发时也指出了它们的局限性:这些应用目前只在佛罗里达和乔治亚州有效,并且需要在靠近气象站的农田里应用。

文献中还给出了许多其他的灌溉决策支持系统,有些可以独立产生灌溉时间和灌水量的决策,有些则嵌入到控制系统中,形成自动决策控制系统。Hess[54](1996)开发了一款实时灌溉决策计算机程序包,并综合了参考作物蒸散模型、实际蒸散模型、土壤水量平衡模型和灌溉预测模型,该模型可以可靠地估计土壤水分平衡,但对于田间测量数据较为敏感。Leib 等[55](2001)开发的 Washington Irrigation Scheduling Expert(WISE)软件采用短期水量平衡,并可以从华盛顿州的 60 个公共农业气象系统站点轻松获取参考蒸散量。Thysen 和 Detlefsen[56](2006)介绍了一种采用 ET 和水量平衡方法的灌溉决策的网络实现方式。Chauhan 等[57](2013)介绍了一种基于 Web 的决策支持系统——AQUAMAN,用于协助澳大利亚的花生种植者进行灌溉决策,并采用了 FAO-56 中介绍的基于 ET 和水量平衡的方法。Bartlett 等[58](2015)在科罗拉多州立大学开发的基于 ET 的灌溉决策工具——Water Irrigation Scheduling for Efficient Application 系统的基础上,开发了智能手机应用来扩展其应用。Perea 等[59](2017)开发了一款用于草莓的精确灌溉决策多平台应用软件(IrriFresa),包括 PC 和移动终端模块,并基于 ET 和水量平衡以及 Hydrus 2D 模型。该软件可以为农民提供每日或每周的灌溉决策信息。Car 等[60](2012)以一个水量平衡系统 IrriSatSMS 为基础,尝试采用手机短信给农民提供灌溉决策建议。

除灌溉决策软件,一些控制器也广泛应用于灌溉系统中[61],包括基于 ET 的控制器和基于土壤水分传感器的控制器,用于给灌溉系统提供灌溉决策和控制信号。Devitt 等[62](2008)开发了一种基于卫星和 ET 的灌溉控制器并评估了其节水性能。Davis 等[63](2009)测试了三种品牌的商用 ET 控制器,Toro Intelli-sense, ETwater Smart Controller 100 和 Weathermatic SL1 600,结果表明，这些控制器相比没有雨量传感器的基于时间的灌溉控制器具有平均43%的节水量。基于土壤含水量的控制器通过控制土壤含水量使其保持在一定水平[64,65]，使用这类控制器时，通常需要在田间安装无线传感器网络[66,67]。市场上多个品牌的基于土壤含水量的控制器（如 Acclima，Rain Bird，Irrometer，Water Watcher 等）的控制性能依赖于土壤含水率的测量精度[68]。不管是基于 ET 的控制器还是基于土壤含水量的控制器，只要控制器程序设置得当，与无传感器或基于时间的灌溉处理相比均可以减少灌水量[69,70]。

国内方面，张洋等[71]（2011）以 Visual Basic 6.0 为开发环境，开发了作物灌水量决策支持系统，可根据输入的水量与气象数据信息等，计算出作物所需灌水量，为农田节水灌溉决策提供参考。我国在灌溉决策软件或控制器的商用化和民用化方面发展较为缓慢，由于田间气象数据的缺失或政府气象站数据获取途径不通畅，以及数值气象数据的不完善等因素，导致像 SmartIrrigation App 之类的手机端或个人电脑端的灌溉决策软件不易被开发或推广应用。2016 年以来，北京东方润泽生态科技股份有限公司通过推出“天圻”气象站和“智墒”土壤水分传感器并结合网络可以实现作物需水量 ET_c 的计算，根据土壤水分检测数据的变化自动确定土壤田持和含水率下限，并识别作物的生长阶段，实现基于 ET 或土壤含水量的灌溉决策，是目前国内较领先的灌溉决策系列产品。市场上基于 ET 或土壤水分的灌溉控制器还不多见。

目前国际上基于 ET 和水量平衡方法和基于土壤水分测量方法的灌溉决策应用较多，基于作物水分的应用由于测量参数的敏感性，其应用还多数处于试验阶段，基于模型的决策方法则大多用于学术研究领域。

总之，灌溉决策支持系统是灌溉管理中将灌溉决策方法转化为应用的必要工具，可以将用户从计算中解放出来，且不需要再理解灌溉决策方法的细节。然而，这些工具也可能产生不合适的决策，例如，在基于 ET 的控制器中，作物系数和土壤持水能力参数需要进行良好设置，在使用基于土壤水分的控制器之前应该仔细分析土壤含水量阈值。总之，这些软件、应用程序、程序和控制器只是灌溉决策方法的应用接口，使它们更容易实现，更精确、可靠和实用的灌溉决策方法仍然是必需的。

1.2.4 精确灌溉决策控制系统研究现状

上述灌溉决策软件或控制器能给出准确合适的灌溉时间和灌水量建议，但仍然需要与精确灌溉系统结合，形成灌溉决策与控制集成系统（精确灌溉决策控制系统)，才能真正实现决策的有益效果和灌溉系统的价值。总体来说，基于土壤含水量的决策方法最容易与灌溉系统结合，而基于 ET 或模型的方法对计算平台的依赖较多，实现集成系统也更加复杂。

Perry 等[72](2003)研制了中心支轴式精确变量灌溉控制系统，该控制系统从个人计算机上下载灌溉水量决策分配信息，并通过机载的 GPS 定位系统，通过控制喷头的启闭和桁架车的行驶速度实现不同地块的变量灌溉。虽然灌溉决策是通过农民的灌溉实践得到的，但已经初步建立了大型喷灌机与灌溉决策系统的集成系统框架。Moore 等[73](2005)，Han 等[74](2009)采用相似的框架开发了一种变量平移式喷灌机系统，通过田间土壤水分传感器、标准蒸发皿系统实时测量并传输到中控系统，通过网络获取附近气象站数据并计算作物蒸散量 ET_c进行灌溉决策。Peters 等[75](2008)采用作物冠层温度-时间阈值方法实现了中心支轴式喷灌机的全自动调度灌溉，通过安装在喷灌机桁架上的红外测温仪测量作物冠层温度，并计算冠层温度超过温度阈值的时间，若该时间超过阈值则触发灌溉，灌水量设置为定值，虽然该灌溉方法和人工制定灌溉制度的方法在水利用效率上基本相同，但起到了集约化灌溉管理的作用。澳大利亚南昆士兰大学的 McCarthy 等[76-78](2010，2015)针对大型喷灌机(中心支轴式喷灌机或平移式喷灌机)控制器，研发了一种使用田间历史管理数据、气象数据和土壤与作物传感器数据的基于实时自适应算法的变量灌溉决策软件 VARIwise，能对不同时间和空间位置作物的不同生长周期所需水量进行模拟预测，从而提高喷灌机精准灌溉的性能，提高水利用效率和作物产量。Dong 等[79](2013)首次采用地下无线传感器网络实时监测根系土壤含水量状况实现精确的基于土壤含水量的灌溉决策，并采用中心支轴式喷灌机进行了试验。

Miranda 等[80](2005)在分布式灌溉控制系统中，采用土壤水势进行灌溉决策，并设计了控制器，使土壤水势保持在田持与用户定义的允许亏缺水平之间，控制器自动控制电磁阀的开闭实现自动灌溉。Gutiérrez 等[81](2014)开发了一套自动灌溉系统，以布置在作物根系的土壤水分与温度传感器组成分布式无线网络，采用网关处理传感器信息，触发灌溉以及与网站进行数据交互，通过土壤含水量和温度阈值触发灌溉，并通过基于微控制器的网关控制灌水量，触发灌溉的阈值可以通过网站定义。

在我国，目前虽然能实现田间信息和作物需水信息的监测[82-84]，但集成灌溉决策方法和控制的智能系统还不多，智能化水平相对较低。江明等[85]

(2005)根据作物蒸腾量和土壤水势数据，采用模糊控制算法得到作物需水量，并采用单片机为核心构建了分段模糊控制的灌溉系统，能准确地根据作物需水量进行灌溉。裘正军等[86](2007)在此基础上采用虚拟仪器开发了作物灌溉模糊决策控制系统。张伟等[87](2009)设计了 ZigBee 无线传感网络采集土壤水势和微气象信息并传输至基站计算机，通过模糊控制算法计算作物需水量，再由无线网络节点控制喷滴灌阀门的开闭时间，实现自动灌溉。郎需强[88](2011)和张观山等[89](2012)采用 ZigBee 和 GPRS 技术，进行了果园灌溉系统的设计，实现了果园土壤含水量监测和电磁阀的无线控制。张增林等[90](2012)和郁晓庆等[91](2013)采用单片机为控制核心，实时监测土壤含水率变化，并根据土壤含水率和农田用水规律控制泵和电磁阀的启闭，实现精确灌溉。胡振方[92](2014)基于 ET 计算，结合土壤含水量和通过热成像仪获得的作物水分胁迫指数，制定灌溉策略并控制电磁阀开关，实现实时精准变量灌溉。采用机载的红外热像仪图像分析小麦冠层温度分布并计算水分亏缺指数，集合 BP 神经网络预测产量，但并没有采用该水分亏缺指数进行灌溉决策。余国雄等[93](2016)根据蒸散量计算确定灌溉时间间隔，结合专家知识进行灌溉决策并建立了基于物联网的信息获取和滴灌控制系统。

国内国外的灌溉决策及控制系统采用的灌溉决策方法还比较单一，主要是基于土壤含水量测量或通过蒸散量计算和水量平衡计算得到，基于模型或作物水分的灌溉决策方法还处于试验研究阶段[94-96]。另外，相比国外研究，国内文献中使用的灌溉决策方法不明确，对灌溉决策的过程普遍描述不够详细，较多研究中采用专家系统和模糊算法进行决策，而不对作物生长过程中的相应指标作出描述，不利于灌溉决策方法的推广应用和人们对灌溉过程和本质的理解掌握。

1.3 发展趋势

一方面，精确灌溉系统是实现精准灌溉的基础，通过当前广泛应用的电子、通信和控制技术向农业工程方向的转移，我国也已经开始建设并有越来越多的技术人员参与进来，相信灌溉装备和系统的精准控制技术将会越来越完善。在自动装备不断完善的同时，灌溉决策方面的研究也应同步加强，主要有以下几个方面：

(1) 加强灌溉决策方法的研究。不能仅仅通过专家知识采用模糊算法或其他一些算法进行灌溉决策，更应该加强四类灌溉决策方法的研究，深入认识灌溉对作物生长过程的影响。基于 ET 和水量平衡的方法具有较大的通用性，可以作为开展灌溉决策研究的初步方法；基于作物水分的方法有利于理解作物对水分的响应过程；采用模型的研究则可以拓展实验数据的分析，帮助我们探究不同的灌溉决策方案。这些方法的研究结果反过来可以定义土壤含水量“合适范围”，从而使灌溉进一步符合作物生长的需水规律，在此基础上建立的专家系统将更加可靠。

（2）加强灌溉决策工具的开发和推广。这些工具包括计算机软件、手机应用、控制器等可以帮助灌溉管理者直接应用上述四类灌溉决策方法的辅助工具，从而使用户从理解这些方法和计算中解放出来，使不同的灌溉决策方法应用下去，得到真正的检验和提高。

（3）加强灌溉决策与灌溉装备或系统的集成，实现智能化精准农业。好的灌溉决策还需要良好的灌溉实施才能发挥效益，通过灌溉决策系统与装备控制系统的集合，可以提高灌溉系统智能化和系统化水平，节省劳力，提高生产效率。国外在大型喷灌机上结合灌溉制度，并采集制定灌溉制度所需的信息，实现了较高程度的变量灌溉。

（4）加强用于灌溉决策的基础信息获取系统的建设。国外气象数据的获取渠道比较通畅，可以通过网站下载历史和预测的气象数据，这些数据以数值形式按标准规范格式给出（如 Json 格式），因此可通过程序语言轻松实现转换。而国内能获取气象数据的途径不够通畅，气象网站往往不能提供实时全面的灌溉决策用气象数据，许多气象情况不能用数值提供，而采用“晴”“多云”“小雨”的定性描述，非常不利于灌溉决策方法的应用。

（5）在灌水量方面，应注重根系土壤而非固定的计划湿润层概念。随着作物的生长，根系长度和分布也不同，采用固定的计划湿润层不能有效估计根系土壤含水量，导致对作物缺水状态估计不准确而延误灌溉时间，也不能使灌溉水被根系充分地吸收，浪费灌溉用水。精细灌溉决策应当关注根系对水分的需求，提高灌溉水利用效率。

总体上，我国灌溉装备智能化研究与国外发达国家存在一定的差距，在决策方法上，停留在基于 ET、土壤含水量的决策方法应用阶段，由于作物需水还受到作物本身对水分响应的影响，考虑综合的气象-作物-土壤因素进行决策，结合模型以及能反映作物在不同因素影响下水分状态的综合指标（如水分胁迫）进行决策并开发应用是发展的一个趋势。在灌溉决策及自动控制集成系统方面，我国还处于仿真、实验、设计和理论探讨阶段，未能实际投入应用，且应用较广的灌溉决策及控制系统，特别是大型灌溉系统还不多见。而发达国家在节水灌溉决策及控制系统的开发上已越来越成熟，发展趋势是研制大型分布式灌溉决策及控制系统和小面积单片机控制系统，并结合通信功能，可实现多平台信息监测，灌溉决策、预报和控制于一体的智能灌溉系统。

1.4 本书主要内容

针对国内现有灌溉决策方法研究不够深入，应用方法单一、不能精确反映作物水分需求以及与自动灌溉系统集成程度低的问题，本书拟在充分评述灌溉决策方法文献的基础上，基于 RZWQM2 模型开展灌溉决策方法的研究、决策软件的开发和集成系统的应用示范，主要研究内容如下：

(1) 灌溉决策方法理论分析与对比

通过大量文献阅读归纳，总结出四类灌溉决策方法，通过对每一类灌溉决策方法决策过程和决策效果的分析，总结他们在实时灌溉决策中的优缺点和适用性。通过对比四类灌溉决策方法，总结灌溉决策中的一般性规律，为灌溉决策中应当考虑的因素给出指导建议。

(2) 基于 RZWQM2 水分胁迫的灌溉决策方法研究及测试

拟采用 RZWQM2 模型模拟作物生长规律，并以模型计算的水分胁迫指标为基础进行灌溉决策，设计并开发一套基于 RZWQM2 水分胁迫的灌溉决策方法和软件，采用美国 Colorado 州试验田、Mississippi 州试验田以及新疆策勒试验田的管理数据进行测试，对比在采用 RZWQM2 水分胁迫灌溉决策方案和田间灌溉处理方案下的灌水量和产量，并深入分析基于水分胁迫方法的灌溉决策在提高灌溉用水效率上的原因。

(3) 基于 RZWQM2 水分胁迫的亏缺灌溉决策方法研究

为探讨基于水分胁迫的灌溉决策方法在提高灌溉效率上的潜力，提出基于 RZWQM2 水分胁迫的亏缺灌溉决策方法。在开发的灌溉决策软件基础上，拟采用美国 Colorado 州试验田、Mississippi 州试验田和新疆策勒试验田数据进行测试，分析在不同试验地情况下亏缺灌溉方案的异同，总结一般性规律，并给出基于 RZWQM2 水分胁迫的亏缺灌溉方法下的实际灌溉建议。

(4) 基于 RZWQM2 水分胁迫的精确灌溉决策控制系统研究

为将提出的基于 RZWQM2 水分胁迫灌溉决策方法进行应用，在开发的决策软件基础上，将其与灌溉控制系统进行结合，以新疆策勒灌溉决策控制系统开发为例，给出采用 RZWQM2 水分胁迫决策方法的灌溉控制集成系统示例；以句容温室灌溉决策控制系统为例，给出在无基础实验数据情况下实现基于 ET 和水量平衡方法的灌溉决策控制系统，并由此实现基于 RZWQM2 水分胁迫方法的灌溉决策控制系统实例，为该方法的推广应用建立基础。

(5) 基于 RZWQM2 的神经网络模型灌溉决策方法研究

为拓展基于 RZWQM2 水分胁迫灌溉决策方法的应用，拟采用神经网络模型代替 RZWQM2 模型在作物不同生育阶段和气象因素下对土壤水分的模拟，分析采用神经网络模型在学习和预测土壤含水量方面的准确性，并采用训练好的神经网络模型进行灌溉决策，与 RZWQM2 水分胁迫方法下的灌溉决策效果进行对比分析，验证神经网络方法在实时灌溉决策应用中的可行性。

第二章 灌溉决策技术与方法相关基础

本书中所述的灌溉决策是指在作物生长周期内，在作物需水规律分析的基础上，对作物进行适时适量灌溉的科学调度的决策过程。一个良好的灌溉决策，可以使作物产生较高的产量和质量，同时，相比传统经验式的灌溉模式，能显著节约用水量，从而减小地表径流损失、土壤深层渗漏损失、氮磷等溶质损失以及改善由此产生的水源污染等环境生态问题。随着精准农业的发展，精确灌溉决策方法的研究已经成为一个重要的分支，旨在以尽量少的灌水量获得预期的作物产量和质量，减少水土流失和引发的环境问题。在特定的气候和种植条件下，灌溉决策主要分为灌水时间和灌溉量的决策，两者相辅相成，均对灌溉效果具有重要影响[70]。

国内外学者提出并发展了许多种灌溉决策方法，这些方法总体上可以分为四类，包括基于蒸散量 ET 的方法，基于土壤含水量的方法，基于作物水分的方法以及基于模型的方法[97]。

本章将阐述现有的能有效进行灌溉决策的方法及其支持系统，通过对这些灌溉决策方法的深入剖析，给出灌溉决策的一般性原则以及不同方法的特殊性。

2.1 基于蒸散量 ET 的灌溉决策技术与方法

基于蒸散量 ET (Evapotranspiration)的方法是灌溉决策方法中最为常用的一种方法。这种方法将 ET 作为主要的水分消耗，并通过水量平衡计算估计土壤含水量后进行决策。基于 ET 的灌溉方法以及水量平衡计算在 Huffman 2013 年的著作 *Soil and Water Conservation Engineering*[29] 中进行了详细的阐述，ET 以及作物蒸散量 ET_c(Crop Evapotranspiration)的计算在联合国粮农组织 FAO-56 文件 *FAO Irrigation and Drainage Paper No. 56*[28] 中进行了详尽的阐述。该方法主要通过公式(2-1)计算作物日蒸散量 ET_c，结合水量平衡方程公式(2-2)来估计土壤含水量的亏缺值 D，当亏缺值大于设定的阈值时，触发灌溉，灌水量通常采用当前的亏缺计算值。设定的阈值，即亏缺阈值被定义为 RAW (Readily Available Water)，由公式(2-3)给出：

$$ET_c = ET_0 \times K_c \tag{2-1}$$

$$D_i = D_{i-1} + (ET_c - P)_i \tag{2-2}$$

$$RAW = MAD \cdot (\theta_{fc} - \theta_{pwp}) \cdot D_r \tag{2-3}$$

式中：

ET_c——充分灌溉下第 i 天的作物蒸散量($cm \cdot d^{-1}$)；

ET_0——充分灌溉下第 i 天的参考蒸散量($cm \cdot d^{-1}$)，也表示为 ET_{ref}；

K_c——第 i 天的作物系数，无量纲；

D_i——第 i 天结束时土壤水分亏缺量($cm \cdot d^{-1}$)；

P——第 i 天降雨量($cm \cdot d^{-1}$)；

RAW——作物不产生水分胁迫情况下土壤中的可利用水(cm)；

MAD——作物不产生水分胁迫情况下土壤允许的亏缺水平，以百分比表示；

θ_{fc}——田间持水量($cm^3 \cdot cm^{-3}$)；

θ_{pwp}——永久凋萎点处的土壤体积含水量($cm^3 \cdot cm^{-3}$)；

D_r——根系深度或计划湿润层深度(cm)。

当灌溉触发时，灌水量通常为计算的累积土壤水分亏缺量 D，即将土壤含水量恢复到田持水平。在整个作物生长季中土壤水分变化如图 2.1 所示。初始计算时，假设土壤水分亏缺为 0，即为田持水平，虽然这一假设造成一定的误差，但由于起始计算日可以设置为种植前较长一段时间，从起始计算日至种植日之间较大的降雨量或者播种前灌溉使实际土壤含水量达到田持，从而与亏缺计算值相吻合，消除起始计算时假设亏缺值为 0 产生的误差。公式(2-2)中仅考虑了作物蒸散量和降雨的因素，由于灌水量为将土壤含水量恢复到田持的量，地表径流和深层渗漏在此忽略不计。在地下水较浅的区域，还需要考虑地下水通过毛细管作用上升到作物根系的水量。在有坡度的田地，可能还需要考虑土壤层中水分侧流的影响。在盐碱地，还需要考虑土壤亏缺水量以外淋洗的耗水量等。本书仅对一般性情况进行阐述，类似上述情况的其他因素先不予考虑，在一般性情况的基础上，再根据实际情况进行调整计算得实际灌水量。

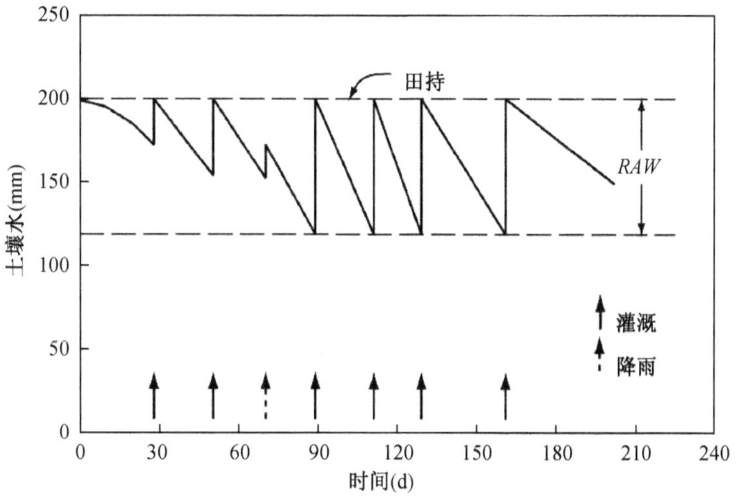

图 2.1　在一个作物生长季中土壤水分变化示意图[29]

参考蒸散量 ET_0 的计算通常采用 Penman 法以及改进后的 Penman-Monteith 方程，以天为单位进行计算[28]：

$$ET_0 = \frac{0.408\Delta(R_n - G) + \gamma \frac{C_n}{T + 273}(e_s - e_a)u_2}{\Delta + \gamma(1 + C_d u_2)} \tag{2-4}$$

式中：

Δ——饱和蒸气压曲线斜率(kPa·℃$^{-1}$)；

R_n——作物冠层净辐射(MJ·m^{-2}·d^{-1})；

G——土壤热通量密度(MJ·m^{-2}·d^{-1})，相比 R_n 通常很小，可忽略；

γ——干湿表常数(kPa·℃$^{-1}$)；

T——地表 1.5 m 至 2.5 m 高度处每日平均气温(℃)；

u_2——地表 2 m 处每日平均风速(m·s^{-1})；

e_s——地表 1.5 m 至 2.5 m 高度处平均饱和蒸气压(kPa)；

e_a——地表 1.5 m 至 2.5 m 高度处平均实际蒸气压(kPa)；

C_n——分子常数，参考作物为草类矮作物时取 900，为苜蓿类较高作物时取 1 600；

C_d——分母常数，参考作物为草类矮作物时取 0.34，为苜蓿类较高作物时取 0.38。

FAO-56 中将作物系数 K_c 分成了四个阶段，即初始阶段，拔节阶段，中期和晚期，并给出了大多数作物在这四个阶段的生育期长度（L_{ini}，L_{dev}，L_{mid}，L_{late}）以及作物系数（$K_{c\ ini}$，$K_{c\ mid}$，$K_{c\ end}$）建议值（查表），拔节阶段和晚期的作物系数按线性关系确定，如图 2.2 所示。

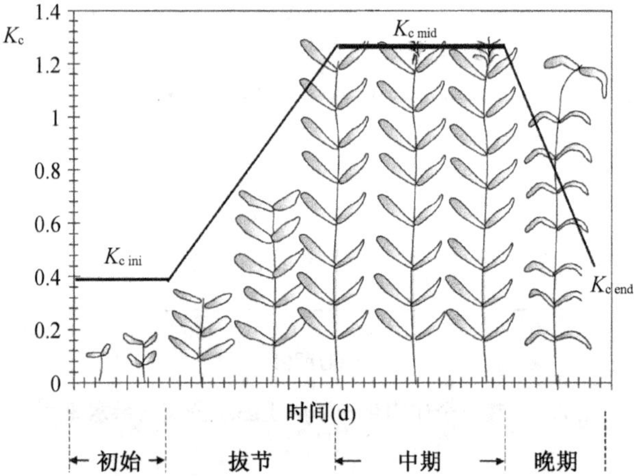

图 2.2　单一作物时作物系数曲线示意图(FAO-56)[28]

由于根据 FAO-56 选定的作物系数值会受到灌溉和气候等因素的影响，因此还需要进一步的调整。对于 $K_{c\ ini}$，主要受到土壤湿润（包括降雨和灌溉）时间间隔、大气蒸发能力以及平均湿润程度（即补水量）的影响，FAO-56 将这些因素对 $K_{c\ ini}$ 的影响进行量化并绘制成曲线，供决策者查询。对于 $K_{c\ mid}$ 和 $K_{c\ end}$，主要受到气候因素的影响，在查表获得建议值的基础上，通过公式，根据中期实测的平均风速和平均日最低湿度以及作物平均高度进行调整。$K_{c\ end}$ 还要考虑作物的实际收割时间，比如希望收获的玉米水分较足时，收获时间较早，$K_{c\ end}$ 取值较大，反之，希望玉米较干，则 $K_{c\ end}$ 取值较小。

对于 *MAD* 值，Huffman 给出了四类作物在 9 种最大蒸腾量时的典型值[29]，供灌溉决策者选用。例如，对于玉米（*Zea mays* L.）、大豆［*Glycine max*（L.）Merr.］和棉花（*Gossypium hirsutum* L.），当最大日蒸散量分别为 4 mm·d^{-1} 或 5 mm·d^{-1} 时，*MAD* 典型值为 0.6 或 0.7。田持和永久凋萎点处的土壤含水量通常在种植前通过对土壤属性的分析测量得到。根系深度或计划湿润层深度根据种植经验选取，作物的不同生长阶段取值有所差别，但一般大于实际根系深度。

上述基于 ET 的方法采用了 Penman-Monteith 方程计算 ET_0，并结合 FAO-56 文件计算 ET_c 来估计作物蒸散量，需要测量一些基本的气象参数，如每日空气温湿度、风速、地表总辐射或净辐射以及降雨量等。

基于 ET 的灌溉决策方法的灌溉效果在不同的管理系统下表现出较大的差异。相比依据长期经验的传统灌溉方法，基于 ET 的灌溉决策方法有时可以显著减小灌水量并保持或者增加作物产量[63]，但有时由于允许了较低的土壤含水量水平，虽然节约用水，但不能达到相同的作物产量和质量[69,98]。类似地，当采用卫星测量估计 ET 进行灌溉时，Devitt 等[62]（2008）发现 81%的基于 ET 的控制器在根据厂家推荐值进行针对性的单独调参后能达到节水的效果。然而，遥感数据在时间与空间上的分辨率不足是限制其用于田间尺度上灌溉决策的重要因素[99]。

基于 ET 的灌溉决策方法以作物生育期的耗水规律为基础，是一种基本但重要的灌溉决策方法。在这种方法中，作物蒸散量 ET_c 的准确估计是关键，例如基于遥感测量的计算方法[100,101]。由于本书主要针对灌溉决策方法而非 ET_c 的估计，对于 ET_c（或者 ET_0 和 K_c）的研究就不再展开。另外，直接的 ET_c 测量是一件花费大且费力的工作（例如采用蒸渗仪），因此通常采用获取 ET_0 和 K_c 乘积的方法。针对作物系数的计算，可选用单作物系数或双作物系数法，双作物系数法将作物蒸腾和土壤蒸发过程分离开来，并分别以 K_{cb} 和 K_e 两个系数来表征，对于局部灌溉方式下的田间耗水量估计具有更高的精度。采用田间定点的蒸渗仪实验测定 ET_0 和 ET_c 进而求得 K_c 是校准 K_c 值的常用方法，但由于受到土壤-作物-大气连续体中众多因素的影响，生育期内的 K_c 值日变化通常非常剧烈[102]。因此，在灌溉决策中使用 K_c 值时通常采用上述的分段线性方法，此时的 K_c 值视为这阶段的平均值，从而避免采用波动的日 K_c 值。

综上所述，基于 ET 的灌溉决策方法依赖于：(1) ET_0 估计的准确度；(2)整个生育期间作物系数曲线构建的准确度；(3)土壤属性，特别是土壤持水能力估计的准确度；(4)田间降雨量测量的准确性[103]。提高以上参数的准确性，从而减小土壤水分亏缺估计的累计误差是这类方法的主要挑战。此外，大尺度上 ET 的时空变异性也是限制此类方法大面积应用的主要原因。Gowda 等[99]（2008）发现尽管采用遥感数据可以精确地估计日蒸散量，但遥感数据得到的蒸散量空间分布的时空分辨率限制了其用于灌溉决策的目的，特别是针对 10～200 ha 田块的灌溉决策。然而，由于基于 ET 的灌溉决策方法易于使用，在许多情况下显示出明显的优势。例如，当首次在整个生育期中使用科学决策（相对于基于经验的决策方法）时，这类方法相对容易实施，且当田间气象数据和建议的作物系数值在 FAO-56 中可获得时，决策的效果相对有效。此外，即使是在土壤属性未知的情况下，只要累积的土壤水分亏缺被及时地通过灌溉消除[104]，这类方法也是可用的。针对灌溉至田持的灌溉量设定，具有一定渗漏风险，例如在灌溉后随即出现降雨的情况下。得益于田间气象数据的可获取性，基于 ET 的灌溉决策方法可在全球范围内实施。

2.2 基于土壤含水量的灌溉决策方法

基于土壤含水量 θ 的灌溉决策方法是一种有效的灌溉决策方法，它通过直接测量土壤的含水量或与含水量直接相关的土壤水势等参数进行灌溉决策。相比于固定时间间隔的灌溉和定时灌溉控制器（不管是否带有雨量传感器），这种方法在节水性能上具有较大的优势[105,106]。基于土壤含水量的灌溉决策方法主要分为对灌溉时间和灌水量的决策。

2.2.1 灌溉时间决策

灌溉时间的决策是基于土壤含水量的灌溉决策方法的核心，因为合适的灌溉时间可以使根系土壤含水量保持在一个适宜作物生长的范围，从而保证作物的产量和质量[107]。至今为止，学者们提出了很多种基于土壤含水量下限或阈值[105,108]的灌溉时间确定方法，例如，当土壤含水量 $\theta \leqslant 0.12\ m^3 \cdot m^{-3}$，或者当土壤基质势 ψ_m 达到阈值，比如 $|\psi_m| \geqslant 25$ kPa 时触发灌溉[106,109,110]。这些阈值根据土壤属性和作物而变化，有时会依据现有研究结果[105]，但更多是通过田间试验确定的，在这些试验中会设置不同的阈值进行灌溉处理，从而研究作物在不同土壤水分条件下的生长情况、最终产量和质量等响应，最终优化该地点该作物种类适宜生长的土壤水分阈值[106,109,111]。

Thompson 等[110]（2007）通过建立在充分灌溉与不灌溉这一范围上不同处理下叶水势 ψ_{leaf} 与土壤基质势 ψ_m 的线型回归关系，将叶水势开始下降的点对应的土壤基质势作为阈值，从而采用该阈值表征作物不产生水分胁迫时的土壤水分临界值。Thompson 等[112]（2007）还提出了一种在线的确定 ψ_m 阈值的方法，即通过监测能反应作物吸水状态的土壤水分下降率，当该下降率降低时，表明土壤水分含量不能满足作物根系的需水量，从而触发灌溉。

除了直接采用 θ 或 ψ_m 测量值作为阈值，这类灌溉决策系统也会采用可利用土壤含水量（Available Soil Water Content, *AWC*）这一指标作为阈值[110]，

即为 AWC_{th}。实际可利用土壤含水量 $AWC(\%)$ 根据土壤含水量计算公式(2-5)并与 AWC_{th} 进行比较触发灌溉。

$$AWC = 100\left(\frac{\theta_a - \theta_{pwp}}{\theta_{fc} - \theta_{pwp}}\right) \tag{2-5}$$

式中，θ_a 为实际土壤含水量(cm^3/cm^3)。阈值 AWC_{th} 由 AWC 和 ψ_{leaf} 偏离线性关系的点确定。事实上，当土壤的田持点和凋萎点不变时，可利用土壤含水量阈值 AWC_{th} 与土壤含水量阈值 θ_{th} 可相互转化：

$$\theta_{th} = \frac{1}{100}(\theta_{fc} - \theta_{pwp}) \cdot AWC_{th} + \theta_{pwp} \tag{2-6}$$

在基于 ET 的灌溉决策方法下，根系深度一定时，土壤含水量的下限是由 MAD 决定的[参见公式(2-3)]，对比公式(2-3)和公式(2-6)可以发现，$AWC_{th} = 100(1 - MAD)$(参见图 2.3)。在确定土壤含水量阈值 θ_{th} 时，Thompson 的方法和基于 ET 的灌溉决策方法的区别在于，前者根据田间测量的叶水势 ψ_{leaf} 设定阈值，而基于 ET 的方法采用了 FAO-56[28] 的默认值。然而，Thompson[110] 发现，考虑到根系深度，田持和凋萎点土壤含水量测量的不确定性，以及测量用传感器校准和精度等问题，采用固定 AWC_{th} 阈值的方法在灌溉决策上的性能是不稳定的。因此，采用动态的根系深度以及根据实际根系深度的动态 θ_{fc} 和 θ_{pwp} 就可以提高灌溉决策的性能[94-96]。

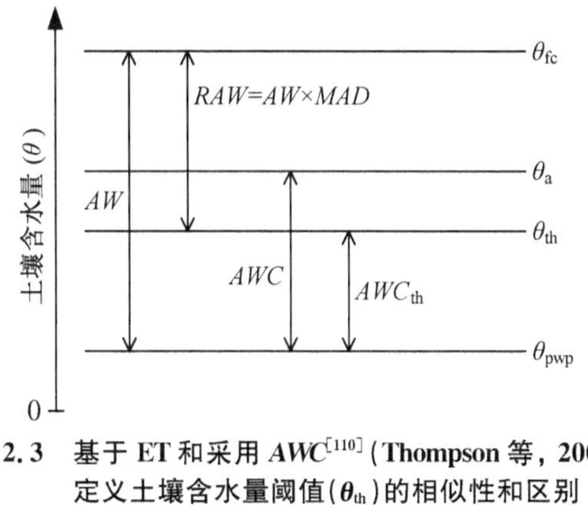

图 2.3　基于 ET 和采用 AWC[110](Thompson 等，2007)定义土壤含水量阈值(θ_{th})的相似性和区别

除了土壤含水量阈值，在灌溉时间决策上另外一个重要的因素是当前土壤含水量观测值 θ_a。该值通过测量或者预估得到，然后与阈值 θ_{th} 比较决定灌溉触发时间。土壤含水量的测量通常采用时域传输(Time Domain Transmission，

TDT)传感器、时域反射仪(TDR)、中子仪、张力计、电容式传感器等[106,110,113]。土壤含水量还可以通过计算预估,比如在 ET 法中采用水量平衡进行计算,但这种采用水量平衡预估的日土壤含水量有可能低于实际土壤含水量,比如存在浅地下水位时由于毛细管作用对根系土壤层水分的补给作用以及存在层间侧流作用等[113]。土壤含水量测量的另一个重要因素是其空间分布情况。Hedley 等[114](2013)尝试采用电磁数据描绘土壤含水量的空间分布状态,并证明这种方法比采用有限土壤水分传感器得到的粗略土壤含水量分布对灌溉决策要更有作用。

2.2.2 灌水量决策

基于土壤含水量的灌溉决策方法中另一个重要的因素是灌水量的决策。最常见的灌水量决策是当土壤含水量达到某一阈值(设定值)[106,108],或者采用现有的定时器或者控制器进行固定量的灌溉[105]。当采用阈值时,一旦条件满足,则灌溉终止,比如,当土壤基质势 $|\psi_m|$ 低于某一设定的阈值时(如 $|\psi_m|<25$ kPa),控制器即动作使灌溉系统停止灌水[106]。与基于 ET 和水量平衡计算的灌溉决策方法相同,基于土壤含水量的灌溉决策方法也会采用将土壤含水量灌至田持的灌水量决策[111],即当实际测量的土壤含水量 θ_a 达到田间持水量 θ_{fc} 时停止灌溉[105,109]。然而,在不考虑土壤盐分控制时渗漏的需求时,推荐采用低于灌至田持所需的水量,从而避免渗漏,提高灌溉水利用效率。当采用土壤田持为参考确定灌水量时,土壤参数需要进行合理估计。

Stirzaker 等[115](2017)提出了一种灌溉决策方法,根据安装在土壤深度 30 cm 和 60 cm 处的湿润前沿传感器(Wetting Front Detectors, WFD)是否检测到湿润信号来判断是否触发或停止灌溉。研究表明,这种方法在一些情况下是有效的,但需要合适的检测深度和灌水时间间隔的配合,但很多情况下这种方法过于粗糙,不能提供可靠的灌水量决策,因此应用较少。但是通过土壤阻抗测量来提高定位精度,这种方法的灌溉性能有可能会得到提高[64]。

相比采用传感器测量并与阈值比较确定灌水量的方法,采用固定灌水量的方法相对简单,且能有效地消除作物的水分胁迫,只要灌水量能够湿润根系土层并满足作物腾发需求。然而,固定灌水量的方法也容易导致深层渗漏或灌溉深度不够,从而引发土壤水分和养分损失或阻碍作物生长。

2.2.3 基于土壤含水量的灌溉决策方法小结

基于土壤含水量的灌溉时间和灌水量决策方法总结如图 2.4 所示。该方法涉及灌溉时间和灌水量的决策，灌溉时间由观测的土壤含水量降低至阈值时触发，因此，阈值的确定是这种方法的重中之重，它设定了适宜作物生长的土壤含水量范围，对作物产量和质量有直接的影响。观测值可以通过实际测量或者估算得到，阈值则可以采用土壤含水量或者与土壤持水能力相关的可利用土壤含水量阈值 AWC_{th}。灌溉的触发方式由这些观测值和阈值的不同组合形成。典型组合方式如表 2.1 所示。

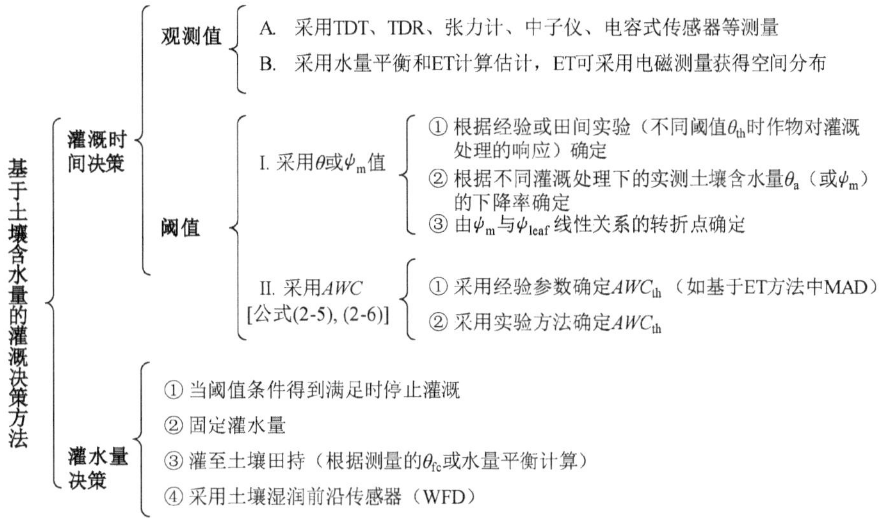

图 2.4　基于土壤含水量的灌溉决策方法归纳

表 2.1　采用基于 ET 和基于土壤含水量方法中灌溉时间决策方法的对比

观测值	阈值	
	Ⅰ. θ 或 ψ_m 值	Ⅱ. AWC_{th}
A. θ_a 测量值	典型基于土壤含水量方法	取 $AWC_{th}=100(1-MAD)$ [113] 实验获取 AWC_{th} [110]
B. θ_a 估计值（水量平衡）	需水量评估[105]	基于 ET 的灌溉决策 $AWC_{th}=100(1-MAD)$

基于土壤含水量的灌溉决策方法具有一个明显的优势，即它能通过传感器测量土壤含水量和土壤属性在空间上的分布特征（空间差异性），因此可以用于变量灌溉决策。除了采用安装在田间的传感器阵列获取这种空间差异[45,67]，还有采用电磁成像技术来描绘田间土壤水分差异并设定不同土壤含水量阈值的研究[113,114]。然而，由于安装的土壤水分传感器有限，田块只能被

分割成有限的区域，因此土壤属性和含水量的监测只能分成有限个区域，其空间分辨率较低[113]。采用电磁成像技术可以提高测量的空间分辨率，具有用于精确变量灌溉决策的潜力。基于土壤含水量的灌溉决策方法的主要弱势在于传感器测量的精度问题[116]，在实际应用中，土壤含水量传感器通常用于追踪土壤含水量的变化趋势并与其他的灌溉决策方法结合使用。

2.2.4 基于土壤含水量与基于 ET 方法的关系

由上可知，基于 ET 和基于土壤含水量的方法都作用于土壤水量平衡过程，而在当前土壤含水量的估计和触发阈值上有所不同。在基于 ET 的灌溉决策方法中，土壤含水量下限（阈值）是由 MAD 定义的，而基于土壤含水量的方法中直接采用 AWC_{th}阈值，而实际上，两者可相互转化，当 $AWC_{th}=100(1-MAD)$ 时两种方法定义的土壤含水量下限相同。在确定这一下限时，基于 ET 的方法根据 FAO-56 选取值，而基于土壤含水量的方法一般通过田间试验评估后确定。对于当前土壤含水量的估计，基于 ET 的方法采用相对田持的土壤水分亏缺量表示，而基于土壤含水量的方法采用土壤水分传感器测量值。当前土壤含水量估计方法与触发灌溉的土壤含水量阈值的组合在表 2.1 中已列出，通过这两者的组合可形成不同的灌溉时间决策方法，例如，采用水量平衡方程估计当前土壤含水量 θ_a，并与预先设定的土壤含水量阈值 θ_{th} 比较来触发灌溉[105]，使得灌溉决策变得很直接，也不再需要传感器。Hedley 和 Yule[113]（2009）采用 $MAD=0.5$ 时的 AWC_{th}阈值，当测量的 θ_a 达到该阈值时触发灌溉。Evett 等[116]（2011）对不同种土壤水分传感器精度是否足以实现基于 MAD 阈值的灌溉决策方法进行了调查，发现除传统时域反射仪外都需要进行校准。总之，基于 ET 和基于土壤含水量的灌溉决策方法是紧密联系的，其本质都是基于土壤含水量。

2.3 基于作物水分的灌溉决策方法

基于作物水分状态的灌溉决策方法是一种对作物水分胁迫相关参数进行直接测量的方法，而不是根据土壤含水量间接地推测作物响应从而进行决策的方法。由于不同的作物种类和不同的植物器官对水分亏缺响应的敏感度不同，研究者们提出了较多适用的作物胁迫参数，并用于灌溉决策。Jones[117]（2004）综述了用于灌溉决策的基于作物的测量参数，主要分为两大类：

(1) 基于作物水分参数——直接测量参数如叶水势、茎水势、木质部水势等,非直接测量值如叶片厚度、茎或果实直径变化、叶膨压等[118]。

(2) 基于作物生理学的测量——如液流、木质部空穴、气孔导度和冠层温度等。

在这些测量值中,由于叶水势、茎水势、木质部水势等在实时测量上的困难,往往不用于自动控制系统中;而茎直径变化(Stem Diameter Variation, *SDV*)、液流和冠层温度是在实际应用中较容易测量的,因此也常用于自动灌溉系统。*SDV* 和液流测量多用于经济型果树种植中,例如葡萄(*Vitis* L.)、苹果(*Malus domestica* Borkh.)、梨(*Pyrus communis* auct. iber.)、橄榄树(*Olea europaea* L.)[119,120];而热传感技术更常用于草本作物或树木,例如大豆[*Glycine max* (L.) Merr.]、棉花(*Gossypium hirsutum* L.)、高粱[*Sorghum bicolor* (L.) Moench][121-123]、玉米[124,125]、百慕达草[*Cynodon dactylon* (L.) Pers.][126]、苹果树[127,128]和酿酒葡萄[129]等。Fernández 和 Cuevas[4](2010)综述了多种依据 *SDV* 的灌溉决策方法,包括采用最大日茎干收缩/生长率为指标。Fernández 指出,一个有效的 *SDV* 相关的指数必须经过田间或果园条件的评估,因为除了作物的水分状况,还有许多因素会影响到这类指数,比如作物的种植模式、作物负载、年龄以及管理措施等。另外,田间雨滴和小动物等会对 *SDV* 测量产生扰动。由于这类测量值的专业性,通常需要专业人员的监督才能较好地分析测量数据反应的真实作物水分情况,这又限制了采用 *SDV* 指数的灌溉决策在自动灌溉系统中的应用。

考虑到近年来热传感技术的发展,特别是红外热传感技术和热成像技术的成熟应用,基于冠层温度的灌溉决策方法已经被越来越多的应用。常用的基于作物冠层温度的方法有温度时间阈值(Temperature-Time-Threshold, TTT)法,作物水分胁迫指数(Crop Water Stress Index, CWSI)法和温度胁迫指标日(Temperature Stress Day, TSD)法。基于冠层温度的方法的一个主要挑战在于,冠层温度具有日变化特征,通常表现为正弦变化规律。为验证冠层温度可用于表征作物水分胁迫,DeJonge 等[125](2015)比较了冠层温度和正午(太阳正午后 2 h 内)叶水势,发现两者具有较好的相关性。冠层温度通常采用红外测温仪或热成像摄像机测量得到,测量时间一般在太阳时间 12:00 至 14:00[128-134],也有通过在白天多次测量冠层温度来计算平均的 *CWSI*[126,135]。然而,这些需要时间跨度上进行测量的方法(例如 TTT 方法),需要对冠层温度进行持续的采样测量,此时就需要将冠层温度的日变化考虑到决策方法中[75,121-123,127,149]。

2.3.1 温度时间阈值(TTT)法

温度时间阈值法中,当冠层温度超过一个阈值(温度阈值)的日累积时间超过设定的时间(时间阈值)时触发灌溉,灌水量可根据田间日作物蒸散量确定[136-138]。这种方法是由 Evett 等[124](1996)提出的,并得到了许多学者的验证[75,121,125,127]。Evett 等在玉米的灌溉中采用了当上一次灌溉后第三天的冠层温度超过 28 ℃(温度阈值为 28 ℃)的日累计时间超过 240 min(时间阈值为 240 min)时进行灌溉,灌水量为日蒸散量峰值的三倍,即 30 mm 的灌溉决策方法。前期研究表明,只要设定的温度阈值和时间阈值合适,这种方法在自动灌溉决策系统中能获得可靠的决策结果[75,121,125,127]。这种方法由于只需要温度和时间两个阈值,较易实施,例如在美国华盛顿的苹果树滴灌中采用了温度阈值 22.2 ℃和时间阈值 225 min[127],在美国德州的棉花灌溉中采用温度阈值 28 ℃和时间阈值 452 min[121],但当冠层温度受环境温度的影响时,这种方法也会显得不够精确,比如气温较高时,即使作物灌溉良好,冠层温度也会较高。此外,TTT 方法仅测量了温度超出阈值的时间,但没有考虑温度超过阈值的幅度[125],由日峰值蒸散量确定的灌水量也是不准确的,可能导致深层渗漏。

2.3.2 作物水分胁迫指数(CWSI)法

作物水分胁迫指数法最早是由 Idso 等[139](1981),Jackson 等[133](1981)提出,这种方法通过指数 *CWSI* 来表征作物的水分胁迫,进而进行灌溉决策。*CWSI* 是根据冠层温度和大气饱和蒸气压亏缺(Vapor Pressure Deficit, *VPD*)计算的。当作物水分状况良好时,该指数接近于 0,反之,作物水分胁迫越严重,该指数则越接近于 1。*CWSI* 的计算由公式(2-7)给出,其含义参见图 2.5。

$$CWSI = \frac{(T_c - T_a) - D_2}{D_1 - D_2} \tag{2-7}$$

式中:

T_c——冠层温度(℃);

T_a——大气温度(℃);

D_1——作物最大水分胁迫基线，即在最大水分胁迫时，T_c-T_a与 VPD 的关系曲线，$D_1=\max(T_c-T_a)$，(℃)；

D_2——作物无水分胁迫基线，即在无水分胁迫时，T_c-T_a与 VPD 的关系曲线，$D_2=\min(T_c-T_a)$，(℃)。

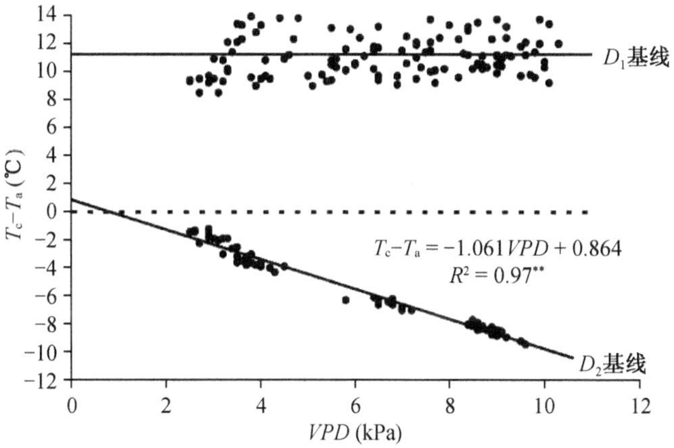

图 2.5　作物水分胁迫指数 *CWSI* 计算中胁迫和非胁迫基线示意图(Emekli[126]，2007)

采用 *CWSI* 的方法通常用于确定灌溉时机，需要先通过充分灌溉（无水分胁迫）和最大水分胁迫条件下实验测定作物的冠层温度，拟定 D_1、D_2两条基线[126,140]，同时还需要设置不同的灌水处理研究不同处理下 *CWSI* 与作物生长状况之间的关系，从而拟定 *CWSI* 阈值。在实际应用中，将通过红外或遥感测得的冠层温度根据实际大气条件转化为 *CWSI* 值，若大于阈值则触发灌溉。D_1、D_2两条基线确定的准确性是这种方法有效应用的关键，特别是无水分胁迫基线 D_2更为重要[141]。许多研究结果建议，D_2基线需要随着作物生长阶段的改变而改变，比如，在玉米抽穗前和抽穗后，D_2基线应分开拟定[135,140]。Yuan 等[134]（2004）评估了三种不同的获取温度基线的方法，分别是由 Alves 和 Pereira[142]（2000）、Idso 等[139,141]（1981，1982）和 Jackson 等[143]（1988）提出的。Idso 等[139,141]（1981，1982）对两条基线的定义是经验式的，认为 T_c-T_a与 VPD 成线性关系，Jackson 等[143]（1988）则通过单层的冠层能量平衡模型建立这些参数之间的联系，而 Alves 和 Pereira[142]（2000）对冠层能量平衡模型进行了修改来避免过程中对作物表面阻力的估计。Yuan 等[134]（2004）的研究表明，采用 Alves 和 Pereira[142]（2000）的方法定义基线是最实用的，而采用 Jackson 等[143]（1988）定义的基线最为合理，但这两种方法都比 Idso 等[139,141](1981，1982)提出的方法需要更多的测量参数，如净辐射量和地表热通量，这使得采用这两种方法时的灌溉决策过程更加复杂。虽然 Idso 等[139,141](1981，1982)的经验式 *CWSI* 定义的基线没有另外两种定义方法精确，但它仍然是采用 CWSI 进行灌溉决策时最常用的定义方法。由于叶片温度随辐射、风速、气温的变化而快速波动，*CWSI* 的基线温度（公式 2-7）也受到环境变化的影响。在潮湿环境（*VPD* 较低）和辐射水平较低的地区，*CWSI* 计算中基线的敏感度降低，从而降低了 CWSI 方法的可靠性。针对基线的低灵敏度问题，Jones[144](1999)建议使用红外测温仪分别从干燥（用凡士林覆盖叶子后的不蒸发表面）和潮湿的真实叶片表面测量最大和最小冠层温度。

通常情况下，*CWSI* 的计算需要采用在太阳正午或午后晴朗天气条件下单次或短时间内测量的参数，因此采用单一的 *CWSI* 反映当天的作物水分胁迫具有不确定性，参数测量的条件也未必能得到满足。为此，O'Shaughnessy 等[122](2012)提出了采用 *CWSI* 的时间阈值方法（CWSI-TT），与温度时间阈值方法（TTT）类似，CWSI-TT 方法采用 *CWSI* 代替 TTT 方法中的温度，当 *CWSI* 超过阈值达到设定的时间阈值时触发灌溉。O'Shaughnessy 研究比较了 CWSI-TT 方法和基于每周的中子仪探针读数的人工灌溉决策方法，发现 CWSI-TT 方法在高粱作物的灌溉决策中是一种更为有效的方法，同时 O'Shaughnessy 也发现，采用热辐射传感器采集热信号并计算相关指数的方法（不管是 CWSI 方法还是 CWSI-TT 方法），在作物的早期生育期可能会触发错误的灌溉，因为土壤的温度背景会干扰到冠层温度的测量。为此，Osroosh 等[128](2015)提出了 CWSI 动态阈值方法（CWSI-DT），这一方法在传统 CWSI 方法的基础上，增加了三个规则：(1)只要 *CWSI* 呈现下降趋势则不灌溉；(2)多次有效灌溉使土壤含水量超过田持 θ_{fc} 后，如果观察不到 *CWSI* 的降低，则必须停止灌溉；(3)蒸发量太低时不进行灌溉。Osroosh 等[128](2015)的研究表明，CWSI-DT 方法能够避免错误的胁迫信号，这些错误信号可能是由风速、作物的快速生长或者其他因素引起，CWSI-DT 方法还能尽量地降低临时大气状况，以及与红外测温仪安装、测量误差相关的因素的影响。作物早期生育期的错误胁迫信号也能够有效避免。

此外，在热成像技术和红外热成像技术的帮助下，CWSI 方法也可以用于监测时空变化的作物水分胁迫[123,129]，进而决策田间的变量灌溉。通过热成像和可见光图像的结合剔除土壤背景对冠层温度测量的影响[145]从而提高 *CWSI* 的准确性；采用基于 Moran 等[146](1994)提出的植被指数-温度梯形

(Vegetation Index-Temperature Trapezoid)的 2 维 CWSI[147] 方法可以提高 CWSI 方法在不完全植被覆盖的田间应用的准确性。

2.3.3 温度胁迫指标日(TSD)法

温度胁迫指标日(TSD)方法利用了给定作物在胁迫和非水分胁迫情况下的冠层温度差[130,132,148]。虽然这种方法比较容易受到一些环境因素的影响(比如湿度)[131],但考虑到它的简洁性,*TSD* 指标在最近的一些研究中被应用[125,149]。Taghvaeian 等[149](2014)评估了一种简单的 *TSD* 指标——*DANS*(Degrees Above Non-Stressed Canopy),*DANS* 是通过在给定一段时间内作物冠层温度与非胁迫的冠层温度的差计算的。对向日葵(*Helianthus annuus* L.)的研究发现,*DANS* 指标与多个作物参数具有较强的相关性,这些参数包括光合有效辐射截获比例(*fIPAR*),叶面积指数(*LAI*),叶水势和根系生长。因此,仅仅基于冠层温度的简单的 *DANS* 指标被认为可以像 *CWSI* 指标一样有效地用于监测作物水分状态进而对干旱或半干旱区域的向日葵进行灌溉决策。DeJonge 等[125](2015)评估了 6 种基于冠层温度的水分胁迫指数,包括 3 种已经提出的指数(*CWSI*,*DANS* 和 *TTT*),以及 3 种新的指数:超过临界冠层温度指标 *DACT*(Degrees Above Critical Temperature,临界冠层温度与 TTT 方法中相同),综合 *DANS* 指标 *IDANS*(Integrated *DANS*),综合 *DACT* 指标 *IDACT*(Integrated *DACT*)。实验结果表明,这些简单的指数,*DANS*,*DACT*,*IDANS* 以及 *IDACT*,与 *CWSI* 反映的作物水分状态相似且所需参数较少。考虑到 TSD 方法的简洁性,这种方法可能被农民所接受,并在一些地区和作物上有效地用于灌溉决策。

2.3.4 基于作物水分的灌溉决策方法小结

由于基于作物的灌溉决策方法是基于作物测量参数对水分亏缺的响应,因此这种方法是否有效取决于采用的测量参数对水分亏缺是否足够灵敏[117]。举例来说,一些作物具有很强的内生系统,在较大范围的蒸发强度或土壤水分供给条件下均能保持稳定的叶片水分状况,如豇豆、玉米和杨树,因此对于这些作物,则不宜采用某些作物水分状况指标进行灌溉决策。有些作物参数的测量是比较困难的,特别是需要实时测量时,有些参数测量过程中容易受到雨滴或者小动物的影响,比如 *SDV* 的测量[4]。基于作物方法的另外一个缺陷是,当环境条件或者果园条件变化时,用于触发灌溉的这些指数的阈值需要重新率定。另外，基于作物的方法往往只给出了当测量参数超过阈值时的触发条件，并没有给出灌水量的建议。Steppe 等[119] (2008)尝试了采用作物测量参数给出灌溉时间和灌水量的建议。该研究中采用了两个实时测量参数，液流和茎干直径变化(Stem Diameter Variation, *SDV*)，结合一个水流蓄存数学模型来预测茎干水势，然后采用茎干水势触发灌溉，灌水量则通过液流在时间上的积分计算得到。这种方法比较复杂且工作量较大，需要测量多个作物参数。虽然基于作物的灌溉决策方法在实际应用中有较多的缺陷，但它是一种有效且重要的方法，在加强人们对作物水分胁迫和土壤水分亏缺之间的关系，进而为优化适宜作物生长的土壤含水量范围方面，具有指导性的意义。

2.4 基于模型的灌溉决策方法

根据前述的灌溉决策方法，较好的决策过程应当基于作物对土壤含水量的响应，因此这个过程与大气环境、作物的生长阶段、土壤属性等息息相关。为了获得更加精确可靠的灌溉制度(即灌溉时间和灌水量决策结果)，采用基于作物生长过程的理论研究以及考虑大气-作物-土壤连续体研究获得的理论模型也逐渐被用于灌溉决策，通过这些模型的模拟结果进行决策。此外，采用一些数据处理和统计方法建立的数学统计模型近年来也在灌溉决策方面得到应用。

2.4.1 基于农业系统研究的理论模型

当前已有较多的农业系统模型，并在逐步完善中。现有文献中，一部分模型在灌溉决策方面得到了应用。本文以 SWAT(Soil and Water Assessment Tool)、CROPWAT、AquaCrop 和根区水质模型 RZWQM2[35,37] 为例，阐述采用模型的灌溉决策方法和过程。这些模型经过合理校准后，可以精确地模拟作物对各种大气和土壤条件以及管理条件的响应。由于这些模型可用于研究作物对不同灌溉管理的响应，因此也可以反过来用于灌溉决策，尽管这类模型通常并不用于实时灌溉决策。为填补这一空缺，Gu 等[94] (2017)开发了一款软件 IrrSch，通过获取 RZWQM2 模型模拟的作物水分胁迫等参数对灌溉时间和灌水量进行决策(详见第三章)，该软件与灌溉控制硬件结合，开展了针对棉花田的实验，验证了其有效性[150]。

在 SWAT 模型中，除了通过用户自定义灌溉时间和灌水量的模式外，还提供了自动灌溉的模式[151,152]。自动灌溉模式下，用户可以选定采用水分胁迫阈值或土壤水分亏缺阈值触发灌溉。当模型模拟的水分胁迫值或土壤水分亏缺值达到设定的相应阈值时触发灌溉，灌水量为使根系土壤含水量恢复到田持水平的水量，或者在亏缺灌溉时，取这一水量的一个比例。SWAT 模型中水分胁迫值是通过作物实际腾发量与潜在腾发量的比值计算的，腾发量则通过 Penman-Monteith 方程计算或采用潜在蒸散量与叶面积指数的线性关系计算[152,153]。Sun 和 Ren[153]（2014）以及 Maier 和 Dietrich[40]（2016）均发现，当用于灌溉决策时，SWAT 模型总是过多地估计所需灌水量，因此，该模型在自动灌溉控制上的精度有待提高。此外，SWAT 模型通常用于流域尺度的研究，因此其决策结果对于田间尺度的适用性有待探究。

CROPWAT 是一款由 FAO 土地与水发展部门研发的计算机软件，通过气象和作物数据计算作物水分和灌溉需求[154,155]。CROPWAT 本质上采用 ET 和水量平衡计算，同时可以根据水分胁迫预测产量变化[156]。采用 CROPWAT 进行灌溉决策时，需要提供气象数据（包括温度、湿度、风速、光照时数和降雨量）、作物参数（包括种植时间、K_c曲线、不同生育阶段根系深度、允许土壤水分亏缺水平、产量响应因子 K_y）以及土壤数据[包括总可用土壤含水量（AW），初始土壤水分亏缺]。灌溉触发可以采用土壤含水量阈值，也可以采用固定时间间隔的灌溉，或由事先确定的水分亏缺量触发，或根据蒸散量的变化（降低）触发。灌水量为将土壤灌至田持或设置为固定值，还可以由用户决定。在 CROPWAT 的最新版本（v8.0）中，所有的计算均采用 FAO 灌溉与排水系列的两个文件，即 FAO-56[28]和 FAO-33[156]。Smith 等[157]（2002）评估了 CROPWAT 亏缺灌溉决策的能力，而 Feng 等[158]（2007）和 Augustin 等[159]（2015）则采用 CROPWAT 优化了灌溉决策。George 等[160]（2000）开发了一种类似于 CROPWAT 的灌溉决策模型，同时使用了 9 种最常用的 ET_0 估算方法，并提供了图形化用户界面。

FAO 提出的简化模型 AquaCrop[21,161]是一个能模拟在一定水分条件下可获得的作物产量和生物量的模型。该模型可以通过人为指定每次的灌溉时间和灌水量，也可以通过模型本身自动生成灌溉计划。当采用模型自动生成灌溉计划时，要么采用固定时间间隔和固定灌水量的方案，要么采用固定比例的允许根系水分亏缺量。Geerts 等[162]（2010）采用 AquaCrop 和长期历史气象数据，根据作物生长阶段开始时的指示性发育特征对作物敏感生育期的灌溉频率进行了优化，进而为农民提供了简易可读的灌溉图。然而，这张简化的灌溉图只显示了关键作物生长阶段的灌溉频率，没有灌溉量的信息，也没有给出在不同大气条件下的调整策略。在这些研究中，AquaCrop 模型可以给出不同灌溉制度对作物产量的影响，从而以产量为指标对灌溉制度进行优化。

RZWQM2 是由美国农业部农业研究局（USDA-ARS）开发的一款一维模型，擅长模拟管理措施对水文循环、水质和作物生产的影响[35]。结合了 DSSAT 模型[163]和 SHAW 模型[164]，RZWQM2 模型模拟不同的田间管理和特定的土壤-植物-大气系统下的作物每日生长数据。RZWQM2 模型提供了多种灌溉决策方法：固定间隔，由根区土壤水分亏缺（*MAD* 定义）触发，或由实际蒸散量与潜在蒸散量比例的阈值触发灌溉。通过获取田间观测的气象数据和网络气象预测数据，Gu 等[94,95]（2017）和 Liu 等[96]（2017）应用 RZWQM2 模型预测每日作物水分胁迫，并判断是否需要灌溉，灌溉深度为将当前土壤含水量恢复到田持的水量。通过这种方法实现了实时的灌溉决策，且只需要有实时的大气数据。

文献中记载的其他用于灌溉决策的模型还有 DAISY，一种一维的土壤-作物-大气系统机理模型[165,166]以及 SIMETAW # (Simulation of Evapotranspiration of Applied Water)，该模型可以评估气候变化对未来灌溉需求的影响，因此有助于用户开发适应性的灌溉策略[167]。Seidel 等[166]（2016）采用一个局部校准的 DAISY 模型进行灌溉决策，当土壤水势达到固定阈值时触发一次固定灌水量的灌溉。Liakos 等[168]（2015），Vellidis 等[169]（2016）开发了一个基于 Web 的用户界面并通过运行改进的 Van Genuchten 模型（将土壤水分张力数据转换为体积含水量）得到灌溉决策。通过将该界面与无线土壤水分传感器阵列（UGA - SSA）以及可执行变量灌溉的中心支轴式喷灌机相结合，实现了自动精确变量灌溉[170]。

需要说明的是，采用理论模型时，首先必须采用前期田间测量数据对模型进行校正，然后才能用于灌溉决策。通过模型模拟结果得出的灌溉决策结果的有效性，依赖于模型本身的准确性和校准的质量。例如，Xu 等[171]（2019）发现 AquaCrop 模型倾向于低估土壤含水量，校准后的均方根误差为 0.15 $cm^3 \cdot cm^{-3}$，可能会对灌溉决策产生影响。在 Seidel 等[166]（2016）的研究中，采用 DAISY 产生的灌溉决策，相比采用简单土壤水势方法产生的灌溉决策，未能获得较高的产量，其原因可能与模型本身的准确性和校准的质量较差有关。然而，在灌溉决策中使用基于农业系统研究的理论模型大多是用于评估历史水资源管理、预测某一地区未来的用水需求以及优化作物的土壤水分亏缺水平[172]等。使用模型输出开展实时灌溉决策的研究目前还较少，例如：Thorp 等[173]（2017）使用了 CSM-CROPGRO-Cotton 模型来辅助基于 ET 的灌溉决策；Gu 等[94]（2017）基于 RZWQM2 模型开发了灌溉决策软件。基于水分胁迫的方法，由于考虑了土壤-作物-大气系统的整体影响，例如在 SWAT 模型中使用的[Neitsch 等[152]（2011）；Sun 和 Ren[153]（2014）]和在 RZWQM2 模型中使用的[Saseendran[174,175]等（2014，2015）；Gu[94]等（2017）]，在模型校准并验证后对作物水分胁迫准确预测的情况下通常能更加合理和实用。但是，当模型没有准确地预测气象数据输入时，这种基于模型的决策方法可能会产生错误的灌水时间和灌水量决策，特别是在实时灌溉决策中，比如在模型决策的灌溉之后有强降雨的出现。

2.4.2 数学统计模型

除了基于农业系统研究的理论模型，近年来不少研究者提出了采用数学统计算法的灌溉决策方法。Lopes 等[176]（2016）将灌溉决策的问题转换为优化控制问题，并以最小化整个生育期灌溉用水量为优化目标，该优化控制问题以土壤水量平衡方程作为约束方程，并以最小土壤含水量和最大单次灌水量为边界条件。然而，该算法需要气象数据预测模型产生全年气象数据，而实际气象数据某种程度上是不可预估的，气象数据预测模型的结果与实际情况存在一定的差距，使这种方法实际应用效果较差。为了克服这个问题，Lopes 等[176]（2016）采用模型预测控制算法（Model Predictive Control, MPC）进一步改善了这种灌溉决策方法，在每次测量系统变量更新后，将该优化控制问题频繁地重新计算。MPC 算法，又称为移动时域控制算法（Receding Horizon Control），也被 Park 等[177]（2009）应用于灌溉管理的问题中，并集成了传感器测量值作为反馈量，预测模型以及优化算法来使土壤水分保持在预定水平。Saleem 等[178]（2013）基于土壤水分平衡和给定的土壤含水量范围，测试了 MPC 算法在实时灌溉决策中的应用，然而，这种方法以单一的水量平衡方程作为系统动态方程，并且假设作物蒸散量 ET_c 和降雨量可直接获得。为解决这一问题，Delgoda 等[179]（2016）利用 MPC 算法和 AquaCrop 模型，通过对 AquaCrop 模型的系统辨识获得一个线性一阶时间序列模型，并以此模型作为系统动态方程。在 MPC 优化的过程中，AquaCrop 模型还同时提供根区土壤水分亏缺值作为反馈。在灌溉决策中使用 MPC/RHC 算法的一个主要优点是它能通过编程语言写到控制器中，从而用于实时决策系统。Park 等[177](2009)通过实时采集土壤湿度、温度和气象数据，在田间计算机上实时执行 RHC 算法；Saleem 等[178](2013)则开发了一个 MPC 控制器用于实时灌溉决策。

仅利用天气数据模拟土壤含水量的变化，Tsang 和 Jim[180](2016)采用人工智能(AI)算法，以人工神经网络(ANN)和模糊逻辑为基础，开发出一种优化灌溉策略。其中，训练的 ANN 以 4 d 的气象变量为依据预测土壤含水量，而模糊神经网络用于进行灌溉时间和灌水量决策，采用笔记本电脑来运行 AI 算法并将实时控制信号传输至灌溉控制器。Navarro-Hellín 等[181](2016)采用了一种机器学习算法来管理农业灌溉，从而取代农学专家进行灌溉决策。该方法采用机器学习算法中的 PLSR 和 ANFIS 来“计算”合适的灌溉决策，考虑了天气、作物和土壤特性，以及土壤传感器的田间测量值。Linker 等[41](2016)将作物模型 AquaCrop 和非线性约束优化结合使用，通过优化在作物的 5 个不同生长阶段的水分的亏缺水平和补充水平，研究了在任意给定水量下作物的最高产量。Nguyen 等[182](2017)以获得单个作物的做大净收益为目标，应用蚁群算法优化灌溉决策，并利用良好校准的 RZWQM2 模型对灌溉方案进行模拟。

然而，由于采用的长期预测气象数据难以获得，或者即使能获得，在田间尺度上通常也不够准确，在实时灌溉决策中采用数学优化算法或人工智能算法时往往需要验证。未来气象数据的不确定性对灌溉决策的影响也需要进行评估。数学模型的性能也需要与其他方法进行比较，例如基于土壤含水量的方法、基于作物水分的方法或基于农业系统过程模型的方法。与数学模型/算法集成的软件和控制器的开发具有一定的挑战性，由这类实时灌溉决策系统的商业价值驱动。幸运的是，随着人工智能硬件的发展，例如树莓派，可以运行复杂的数学算法，这些采用数学模型的实时灌溉决策方法可以低成本地实现[183]。

2.5 灌溉决策方法对比与小结

2.5.1 灌溉决策方法的优缺点

上述四种灌溉决策方法各有其优缺点，它们在一些情况下有效，但当田间条件不适用或操作不当时，效果就可能较差。Osroosh 等[127]（2016）以苹果树为研究对象，比较了 7 种不同的灌溉处理下的总灌水量，以及灌溉方法实现的简易性和代价。这 7 种灌溉处理采用了包括基于蒸散量 ET 和水量平衡的方法（ET-WB），传统基于经验的方法，基于土壤含水量的方法和基于作物水分的方法。其中一种采用土壤基质势阈值的方法虽然降低了灌溉用水量，但也引起了严重的水分胁迫并降低了果实质量。采用中子仪读数的温度时间阈值（TTT）方法、动态阈值作物水分胁迫指数法（CWSI-DT）和基于土壤含水量的方法与基于 ET-WB 的方法的灌水量相近，并能使苹果树免于水分胁迫。由此可见，从经济性、易于实现以及相对精确这些方面综合考虑，基于 ET-WB 的方法是这些灌溉决策方法中较好的选择。

从实现基于 ET-WB 方法的条件方面看，必需的大气数据是容易获取的，并且可直接应用于 FAO 提供的参考 ET 计算，结合 FAO 给出的 K_c 曲线，以及建议的 MAD 值即可进行灌溉决策。而其他三类方法均需要必要的准备：例如，基于土壤含水量或基于作物水分的方法需要安装传感器和监测系统，触发灌溉的阈值需要提前进行研究验证；在基于模型的方法中，以前期田间试验为基础的校准必不可少。对于农民来说，在田间安装传感器和监测系统的工作是繁重的，即使需要，他们更偏向在移动式灌溉系统上安装红外温度传感器来实现灌溉决策[122]。基于作物水分的方法有时需要专家监测，因为监测数据对农民来说可能过于专业，因此，这类方法的可靠性就较差[4]。基于模型的方法使用起来可能较为简单，但需要开发好相应的软件或程序，并且需要良好校准的模型[94,95,160]。

灌溉决策方法必须与田间具体情况相适应，例如在果园中，可以采用基于作物水分的方法，如测量茎干直径或液流，而基于蒸散量 ET 的方法或基于模型的方法可能是不恰当的，因为果树的品种在模型中可能没有提供或 FAO 表格中没有相应的建议 K_c 曲线。在一些无法获取气象数据的区域，采用基于蒸散量 ET 的方法或采用模型的方法就不容易实现。这四类灌溉决策方法的实施条件和限制简要列于表 2.2。

值得注意的是，基于 ET 和水量平衡的方法和基于模型的方法在实施时只需要输入气象数据，不需要测量土壤含水量和作物生长数据，因为基于 ET 和水量平衡的方法通常是在充分灌溉下，而基于模型的方法中土壤含水量和作物生长数据由模型给出。这两类决策方法类似于开环控制，计算值或模拟参数之间的误差可能会在作物的整个决策过程中积累，从而导致灌溉的延误或提前，降低产量或使灌水量超过田持而产生渗漏甚至径流。基于土壤含水量和基于作物水分的方法则侧重于测量土壤或作物的实时状况，类似于闭环控制，此时灌溉决策方法的有效性取决于测量的准确性、传感器系统的可靠性和触发阈值或条件的有效性。

表 2.2　四类灌溉决策方法的实施条件和限制

决策方法	实施条件	限制
基于 ET 和水量平衡	气象数据； 作物 K_c 曲线和建议的 *MAD* 值； 估计的土壤属性	限于 FAO 提供 K_c 和 *MAD* 值的作物种类； 在决策过程中可能产生累积误差
基于土壤含水量	传感器和监测系统； 有效的触发阈值	依赖于土壤水分测量的精度和阈值的有效性； 由于田间差异，传感器测点可能不能代表田间整体情况
基于作物水分	传感器和监测系统； 有效的触发阈值/条件	测量敏感数据时的噪声（如 SDV）容易破坏决策过程； 依赖于测量参数的敏感度和触发阈值或条件的有效性
基于模型	通过前期田间试验校准的模型； 气象数据； 开发的软件或程序	依赖于模型校准的质量和模型精度； 在实时灌溉决策中可能产生累积误差

总而言之，灌溉决策的目的在于试图维持土壤含水量在适合作物生长的合理范围内并满足作物/植物蒸腾的需求。上述任一种灌溉决策方法都不能保证为作物提供一个完美的灌溉时间表，但是这些方法可以提供决策参考并加深人们对灌溉决策过程的理解。

2.5.2　灌溉决策中考虑的因素

Vellidis 等[52]（2016）以棉花为研究对象比较了不同灌溉决策方法的有效性，这些决策方法包括：采用 Checkbook 的方法，采用 SmartIrrigation App 软件，以及采用美国乔治亚大学（University of Georgia）智能传感器阵列（UGA-SSA）[45]和仅通过雨水补给的灌溉处理。结果发现，在潮湿的年份，这些灌溉决策方法相比雨水补给的灌溉处理明显降低了产量和用水效率。从这项研究可以发现，对于棉花来说，在某些生长阶段中较低的土壤含水量反而可以提高作物产量。相似的，在用于棉花的 Irrigator Pro 灌溉决策软件中，一旦“First

Cracked Boll”状态出现(进入花铃期),则进行一次灌溉,将根系土壤灌至田持,此后在棉花收获前不再进行灌溉,以此来促进花铃吐絮并防止烂铃病降低产量和质量[46]。因此,灌溉决策并不是使土壤含水量处于较高水平即可,需要考虑作物各个生长阶段的需求。

当深入理解四类灌溉决策方法时,可以发现它们都作用于土壤含水量,土壤含水量就像一座桥梁连接着灌溉管理和作物生长的需水量。换言之,为了促进作物生长和节约用水,灌溉管理的目的是调节土壤含水量处于特定的水平,当土壤含水量处于该水平上时,不仅保证作物的生长需求,而且能使水量消耗最低。为达到这一目的,需要注意三点:

(1) 需要决策土壤含水量的控制范围(目标水平),能促进作物在整个生育季中的生长发育。这一土壤含水量的目标水平应当根据作物的不同生长阶段确定。一般在采用基于土壤含水量或基于作物水分的灌溉决策方法前,这一目标水平会通过田间不同的灌溉处理实验来得出[111,118]。当采用水分胁迫指标时,这一目标水平的土壤含水量下限为产生水分胁迫时的土壤含水量,而土壤含水量上限则通常定义为田持。

(2) 需要准确地估计实际土壤含水量。在基于土壤含水量的方法中采用直接测量值体现实际土壤含水量,在基于作物水分的方法中采用作物测量量反映实际土壤含水量,或者通过 ET 计算和水量平衡或者采用模型的方法进行估计。许多因素,例如气象、土壤、作物以及它们的交互作用的考虑将有助于准确可靠地估计或测量实际土壤含水量。这些因素在先进的农业系统模型,例如 RZWQM2 中均加以考虑。当采用作物测量量反映土壤含水量时,还有必要考虑不同的生长阶段[129]。

(3) 需要准确地进行相应量的灌溉,将土壤含水量从当前状态调节到目标水平。为达到这一目的,灌溉频率和灌溉量需要协调,以免作物产生水分胁迫或过量灌溉(形成径流或深层渗漏或不必要的排水)[70],当单次灌水量减少时应相应地增加灌水频率。

总之,为了进行合理的灌溉决策,在上述第(1)和第(2)步中均应考虑气象、土壤和作物的因素。基于 ET 和水量平衡的方法使用 *MAD* 和土壤属性来定义土壤含水量目标水平,该目标水平为 FAO 提供的通用值,不考虑特定的田间条件,而实际土壤含水量采用水量平衡方程估计,因此,估计的土壤含水量误差可能会累积并导致错误的灌溉。基于土壤含水量的方法和基于作物水分的方法均通过“阈值”作为目标水平,阈值通过前期研究中的作物响应来确定,并采用直接测量值估计实际土壤含水量,以此来避免累积误差,但由此也需要依赖于测量的准确性和可靠性。在这两类方法中,目标水平往往在整个生育季中保持不变,并不根据气象和作物生长条件做相应改变。基于模型的方法可以在考虑多种因素后给出目标水平,并以模拟的作物响应参数反应这一目标水平,例如水分胁迫值。然而,由于考虑的因素较多,模型在估计实际土壤含水量时仍然存在误差,并可能导致累积误差。为了获得较好的灌溉管理,在设置目标水平时应充分考虑上述因素,并且需要准确可靠地估计实际土壤含水量。水分胁迫方法由于充分考虑了上述主要因素,因此就确定合理的土壤含水量范围方面是一种较好的方法。当采用一个准确的、良好校准的模型时,作物水分胁迫和实际土壤含水量可以较准确地进行估计,尽管还可以通过一些测量值进行反馈来保证精度。在第(3)步中确定灌水量时,气象预报,特别是降雨量预测对于避免产生径流或深层渗漏也是必要的,例如在一次充分灌溉后产生降雨,提前的、及时更新的气象预报可以促使调整灌溉决策,从而充分利用降雨,避免浪费灌溉用水。McCready 等[69](2009)研究发现,对雨鸟牌 ET 管理控制器设置高的降雨容量(即为降雨预留更多的根区土壤容蓄空间),导致在降雨量少的阶段土壤含水量较低而影响草皮质量。若能精确预测灌溉后几天内的降雨,可以通过提前减去降雨量进行灌溉,以避免按原定灌溉量时在降雨时产生深层渗漏,从而使灌溉决策更有效。

上述讨论的四类灌溉决策方法是针对作物需水量的,没有考虑一些实际的因素,如经济性,政策性,以及供水量限制和洗盐需求等。例如,由于盐分可能从深层土层上升到根系土层,或来源于劣质的灌溉水,影响作物正常生长,因此在作物生长期间或两生育季之间进行淋洗灌溉,可选用洗盐系数 L_r 计算每次灌溉用水深度使盐分淋洗到根区以外。

2.6 本章小结

本章对四类灌溉决策技术与方法进行了系统的整理分析,总结如下:

(1) 当前的灌溉决策方法需要权衡实用性、准确性和通用性。基于 ET 的方法可以不考虑田间条件(如土壤和作物条件)而广泛应用,只需要气象数据,K_c 曲线和 MAD 值,由于不需要前期实验即可实现,这种方法也较为实用,但是其准确性则不高,尤其当每日土壤含水量估计的误差累积时。基于土壤含水量和基于作物水分的方法相对通用且当测量值准确可靠时,得到的灌溉决策也较准确，但这种方法却少实用，因为需要安装并维护田间传感器。一旦传感器不能正确地传输信号，例如传感器失灵或田间小动物引起噪声，灌溉决策将不能正确进行。基于模型的方法相对准确且易于实现，但需要前期田间数据和专业的模型校准过程，其通用性较差。一些采用上述四类方法的混合型方法，例如，将基于模型的方法和土壤含水量测量值进行结合[168,169,181]，以及更多的易于使用的软件或支持系统的开发将有助于灌溉决策的推广及其方法的应用。

(2) 灌溉决策有效性的提高依赖于人们在作物生长对水分响应机制上理解的深入，因此，作物生长对土壤-作物-大气系统中各个变量的响应的研究应需要加强。由于土壤含水量在灌溉决策中具有重要作用，今后更有效的灌溉决策方法应当在更深入的水分对作物生长影响的理解基础上关注对土壤含水量的控制。

(3) 如果模型可以准确地估计实时土壤含水量，并良好地定义土壤含水量阈值或水分胁迫阈值，结合天气预报数据和测量反馈（如果有），一个基于农业系统研究的理论模型的方法或许可以得到更好的灌溉决策，促进节水和植物生长。鉴于智能算法的发展与应用，农业土壤-作物-大气系统建模可能会在传统基于过程的模型基础上得到发展，从而产生更有效的灌溉决策。这些基于数学算法的方法应进一步与软件或决策支持系统相结合以进行实时应用。

(4) 传感器和气象站这样的基础设备应该以更便宜的价格来让农民使用，同时应加强网络上的历史气象数据和天气预报数据的可获取性与准确性，并增加气象数据站点的密度，只有这样才能让这一系列的灌溉决策方法真正应用起来。

第三章

基于 RZWQM2 水分胁迫的灌溉决策技术与方法

基于 ET 和基于土壤含水量的灌溉决策方法直接或间接地以土壤含水量为核心，并不能较好地体现作物的水分胁迫情况，例如当湿度很高或辐射很低或温度很低时，作物需水量较少，即使土壤含水量较低，作物也可能没有水分胁迫。当采用直接测量作物水分参数的灌溉决策方法时，作物相关测量量容易受到环境因素的影响。随着人们对土壤-作物-大气连续体以及作物与环境交互作用理解的深入，灌溉决策也需要考虑更多的因素，变得更加复杂。除基于模型的灌溉决策方法外的三类方法往往采用单个参数阈值（如土壤含水量，某一作物响应），不能较好地预测作物在不同气象、土壤和灌溉条件下的水分胁迫响应。相比而言，模型能够更加可靠地估计作物在多种因素下的响应，因此，采用模型模拟作物在特定环境中的生长过程，并采用作物水分胁迫这一综合性指标进行灌溉决策就显得更加可靠。当前，一些模型已在灌溉决策中进行应用，如 CROPWAT[159]、SWAT[40]、SIMETAW# [167]、AquaCrop[41]、DAISY[166] 以及数学模型[176] 等，但是，所有这些方法均需要提供准确的灌溉时间和灌水量建议，否则容易导致过量灌溉或产生水分胁迫，浪费水资源或影响作物产量。例如，当估计的水分胁迫比实际产生水分胁迫的时间晚，则作物产量将会受损；或者当土壤水分亏缺估计过高，则在灌至田持的灌水量建议下就会产生水分损失。

根区水质模型（Root Zone Water Quality Model，RZWQM2）[35]，可以有效模拟不同管理措施下作物对气象、土壤条件的响应[37,175,185]。经过校准后，RZWQM2 模型可以提供更为精确的每日作物生长模拟数据。Qi 等[186]（2016）的研究表明，通过集成水热耦合模型[164]（SHAW 模型），RZWQM2 模型能够很好地预测水分胁迫对玉米产量的影响（采用统计数据 $NSE>0.5$，$-15\% < PBIAS < 15\%$，$RSR < 0.7$）。从该研究中得到启示，可以利用当

地预测气象数据，通过 RZWQM2 模型提前预测每日水分胁迫，开发出一种考虑复杂土壤-作物-大气连续体和管理措施等因素的更加精确的灌溉决策方法。这种方法能在日尺度上给灌溉管理者提供更加精准、优选的灌溉决策。

本章将详细阐述基于 RZWQM2 模型水分胁迫的灌溉决策方法，以及开发的基于 RZWQM2 模型水分胁迫并采用预报气象数据的决策软件[94]。

3.1 RZWQM2 模型作物水分胁迫计算方法

RZWQM2 模型 v3.0 版本集成了 DSSAT v4.0(Decision Support System for Agrotechnology Transfer)作物系统模型(DSSAT－CSM)[163]和 SHAW 模型[164]，在 3.2 节中所述的灌溉决策方法中作为核心执行程序模拟计算作物的水分胁迫和土壤含水量变化。DSSAT 作物模型中的 CERES 和 CROPGRO 模型可以分别进行玉米和大豆的生长模拟，其主要依靠积温或有效积温[163](GDD)模拟作物生长。RZWQM2 模型则通过与 DSSAT 模型交换变量数据实现交互[187,188]，DSSAT 模型将给 RZWQM2 模型提供每日作物吸水量(Plant Water Uptake)、吸氮量和作物生长参数。RZWQM2 模型将会计算两个水分胁迫指标：土壤水分胁迫因子(Soil Water Factor，*SWFAC*)和叶膨压胁迫因子(Turgor Factor，*TURFAC*)[174,175,186,189,190]。其中，*SWFAC* 主要与光合作用以及其他干物质积累过程相关，而 *TURFAC* 用于反映作物水分胁迫的程度，与作物叶片细胞的扩张相关。这两个水分胁迫指标的计算如下[174,175,186,189]：

$$SWFAC = \frac{PWU}{T_{\mathrm{p}}^{\mathrm{SW}}} \tag{3-1}$$

$$TURFAC = \frac{SWFAC}{RWUEP1} \tag{3-2}$$

$$PWU = \sum RWU(L) \times RLV(L) \times \Delta L \tag{3-3}$$

$$RWU(L) = \frac{k_1 \times \mathrm{e}^{k_2 \times [SW(L) - LL(L)]}}{k_3 - \ln[RLV(L)]} \tag{3-4}$$

$$T_{\mathrm{p}}^{\mathrm{SW}} = \frac{\Delta[(R_{\mathrm{n}} - G) - R_{\mathrm{nsub}}] + \rho c_{\mathrm{p}}(VPD_0)/r_{\mathrm{a}}^{\mathrm{c}}}{\Delta + \gamma(1 + r_{\mathrm{s}}^{\mathrm{c}}/r_{\mathrm{a}}^{\mathrm{c}})} \tag{3-5}$$

$$\Delta = \frac{4\ 098\left[0.610\ 8\exp\left(\frac{17.27T}{T + 237.3}\right)\right]}{(T + 237.3)^2} \tag{3-6}$$

式中：

T_p^{SW} ——Shuttleworth-Wallace 潜在蒸腾量[35,191]（需求量，cm）；

PWU——潜在根系吸水量，由 DSSAT 模型计算得到（可供水量，cm）；

$RWUEP1$——作物特定参数，用于评估水分胁迫对叶细胞扩展生长的影响（对玉米、大豆和棉花均设为 1.5）；

$RWU(L)$——L 层土壤单位长度根长的潜在根系吸水量（cm 水/cm 根）；

$RLV(L)$——L 层土壤的根长密度（cm 根/cm 土）；

ΔL——相应土壤层深度（cm）；

k_1, k_2, k_3——无量纲常数，在 DSSAT v3.5 中，$k_1 = 1.32 \times 10^{-3}$，$k_2 = 120 - 250 \times LL(L)$，$k_3 = 7.01$[190]；

$LL(L)$——L 层土壤中可供作物用水下限含水率（$cm^3 \cdot cm^{-3}$）；

$SW(L)$——L 层土壤中当前土壤含水量（$cm^3 \cdot cm^{-3}$）；

Δ——饱和水汽压与温度曲线斜率（$kPa \cdot ℃^{-1}$）；

R_n——作物冠层上方净辐射（$MJ \cdot m^{-2}$）；

R_{nsub}——裸土和土壤覆盖物上方的净辐射（$MJ \cdot m^{-2}$）；

G——土壤热通量（$MJ \cdot m^{-2}$）；

ρ——空气密度（$kg \cdot m^{-3}$）；

γ——干湿表常数（$kPa \cdot ℃^{-1}$）；

c_p——空气的体积比热（$MJ \cdot m^{-3} \cdot ℃^{-1}$）；

VPD_0——平均冠层高度处的空气饱和水汽压差（kPa）；

r_a^c——冠层内边界层阻力（$s \cdot m^{-1}$）；

r_s^c——作物冠层气孔阻力（$s \cdot m^{-1}$）；

T——空气温度（℃）；

$\exp[\cdot]$——以自然常数 e(2.718 3)为底的指数函数。

由公式可知，胁迫指标 *SWFAC* 主要由潜在根系吸水量和潜在蒸腾量的比值确定，当潜在根系吸水量（可供水量）能满足作物潜在蒸腾量需求时，该指标大于 1 不产生水分胁迫，反之该指标小于 1 则产生水分胁迫。由于玉米、大豆和棉花的 *RWUEP*1 均设置为 1.5，因此胁迫指标 *TURFAC* 的计算值总比 *SWFAC* 小，能更早更灵敏地感受到水分胁迫。这两个水分胁迫指标的关系参见图 3.1。在 RZWQM2 模型中，当 *SWFAC* 和 *TURFAC* 的计算值大于等于 1 时，将该参数设定为 1，即为无水分胁迫状态，当计算值小于 1 时以实际计算值给出，指示水分胁迫的程度，越接近 0，则代表水分胁迫程度越大。

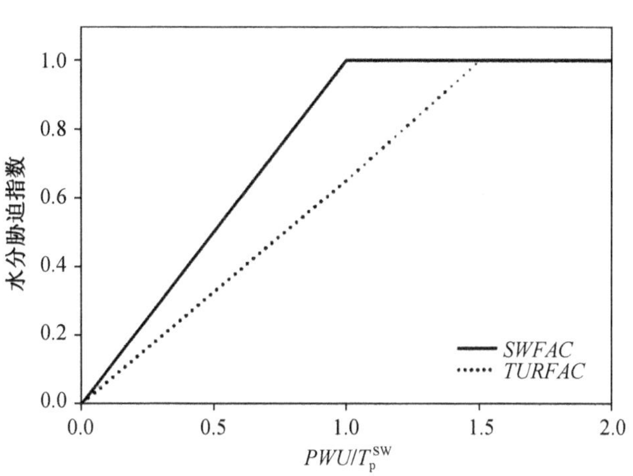

图 3.1　RZWQM2 模型中水分胁迫指标 *SWFAC* 和 *TURFAC* 的关系[174,175]

由公式(3-3)～(3-6)可知，潜在根系吸水量(*PWU*)是由根长密度、当前土壤含水量以及作物可用土壤含水量下限决定的，而潜在蒸腾量(T_p^{SW})则主要由气象条件决定[174,175,186,189]。因此，当 *SWFAC* 小于 1 时表示作物根系土壤层内当前含水量不能满足潜在蒸腾需求，此时即需要通过灌溉手段进行补水，否则将可能影响作物生长。换言之，*SWFAC* 或 *TURFAC* 可以作为指示作物缺水状态的指标而用于灌溉决策中。

3.2　灌溉决策方法的提出

鉴于 RZWQM2 模型的水分胁迫指标在指示作物缺水状态上的良好能力，本书采用 RZWQM2 模型的水分胁迫指标 *SWFAC*/*TURFAC* 为基础，提出了基于水分胁迫的灌溉决策方法(WS-based)。该方法首先采用目标地区历史灌溉管理及气象等数据率定 RZWQM2 模型，然后在新的灌溉管理实践中，以日为尺度，采用率定的 RZWQM2 模型模拟作物的生长，通过水分胁迫指标 *SWFAC* 或 *TURFAC* 判断当前日是否需要灌溉，若需要则将根系土壤层内当前土壤含水量灌至田持。同时利用气象预报数据，模拟未来几天的作物水分胁迫情况，提醒管理者提前做好灌溉准备，若预报未来有降雨，可在灌溉当天提前做出灌水量调整，从而避免灌溉后的降雨造成深层渗漏甚至径流损失。除 RZWQM2 模型率定外，该方法的具体步骤如下：

(1) 获取气象数据。

在实时灌溉决策中，通过气象网站和/或田间气象站点获取历史气象数据和未来 4 d 的预报气象数据，并将其转化为 RZWQM2 模型的气象数据格式后生成模型所需的气象数据文件(. met 文件和. brk 文件)。气象数据包括空气温度、湿度、风速、降雨量以及辐射。在气象网站或田间气象站不能提供辐射数据时，也可以通过经验公式进行计算，如 Hargreaves-Samani(1982)经验公式[192]。

(2) 通过 RZWQM2 模拟决定灌溉时间并计算灌水量。

对于给定的一天，基于步骤(1)中准备好的气象数据(历史和预测)，采用校准的 RZWQM2 模型进行模拟，并获取当天的水分胁迫指数(*SWFAC* 或 *TURFAC*)，如果水分胁迫指数小于设定阈值(*WST*，通常为 1. 0)，则触发灌溉。灌水量为当前土壤含水量与田持的差值，并减去未来 4 d 的预测降雨量，具体计算如公式(3-7)。当触发灌溉时，灌水量还需设置一个最小值，以免公式(3-7)计算的灌水量过小甚至小于 0 而不能消除灌溉当天的水分胁迫。实际灌溉管理中，由于灌溉系统的容量、控制方面的因素以及灌溉均匀性等问题，过小的灌水量往往不切实际且会增加灌溉装备的运行成本。

$$IR_{t_0} = K\left[\sum_{i=1}^{N}(\theta_{\mathrm{fc}\,i} - \theta_{t_0 i}) \cdot D_i\right] - P_{t_0+4\mathrm{d}} \tag{3-7}$$

式中：

i——第 i 土壤层；

N——t_0 天模拟根系深度内土壤层数，根系深度由作物生物量计算得到；

$\theta_{\mathrm{fc}\,i}$——第 i 层土壤田持体积含水率($\mathrm{cm^3 \cdot cm^{-3}}$)；

$\theta_{t_0 i}$——灌溉当天(t_0)第 i 层土壤体积含水率($\mathrm{cm^3 \cdot cm^{-3}}$)；

K——灌至田持灌水量的比例系数；

IR_{t_0}——灌溉当天(t_0)计算灌水量(cm)；

$P_{t_0+4\mathrm{d}}$——预测的当天及后续 4 d 降雨量总和(cm)；

D_i——第 i 层土壤层深度(cm)。

由于 RZWQM2 在模拟过程中会将根系土壤层进行离散化计算，因此在采用模型模拟值计算灌水量时通过各离散层的水分亏缺累积求得，这样也更能精确地计算到根系深度范围内土壤的水分亏缺，提高用水效率。值得注意的是，此处的灌水比例系数 K 与基于 ET 和水量平衡方法中的最大允许亏缺系数 *MAD* 是有区别的，主要体现在：(i)*MAD* 定义的是田持土壤含水量(θ_{fc})与凋萎点土壤含水量(θ_{wp})差值的比例，而 K 定义的是 θ_{fc} 与当前土壤含水量(θ_{t_0})差值的比例；(ii)*MAD* 不仅确定了触发灌溉的土壤含水率下限，也用作计算将当前土壤含水量灌至田持所需的水量，而 K 的值只是用作灌水量计算，不定义触发灌溉的土壤含水率下限，且 K 值可以小于 1.0 也可以大于 1.0，并不像 MAD 一样对特定作物基本固定。

(3) 将决策的灌溉写到 RZWQM2 模型中并重复上述步骤直至作物成熟或收获。

作物生育期内的历史灌溉数据记录于模型的输入文件 RZWQM.DAT 中，将决策的灌水量或实际测得的灌水量（如果有）写入模型文件中。每日重复上述步骤，即可获得作物生育期内以日为单位的灌溉决策方案。由于每次灌水后，根系深度土壤层中的储水量能满足作物一段时间的需水量，当作物接近收获或成熟时，根系深度较深，按公式(3-7)计算的灌水量也较大，容易造成作物成熟或收割后灌溉水残留在土壤中不能得到有效利用的问题，因此，在接近成熟或收获时，可人为调整灌水量，以能消除成熟前或收获前水分胁迫的最小灌溉量为佳。

图 3.2 为基于 RZWQM2 水分胁迫的灌溉决策方法流程图。

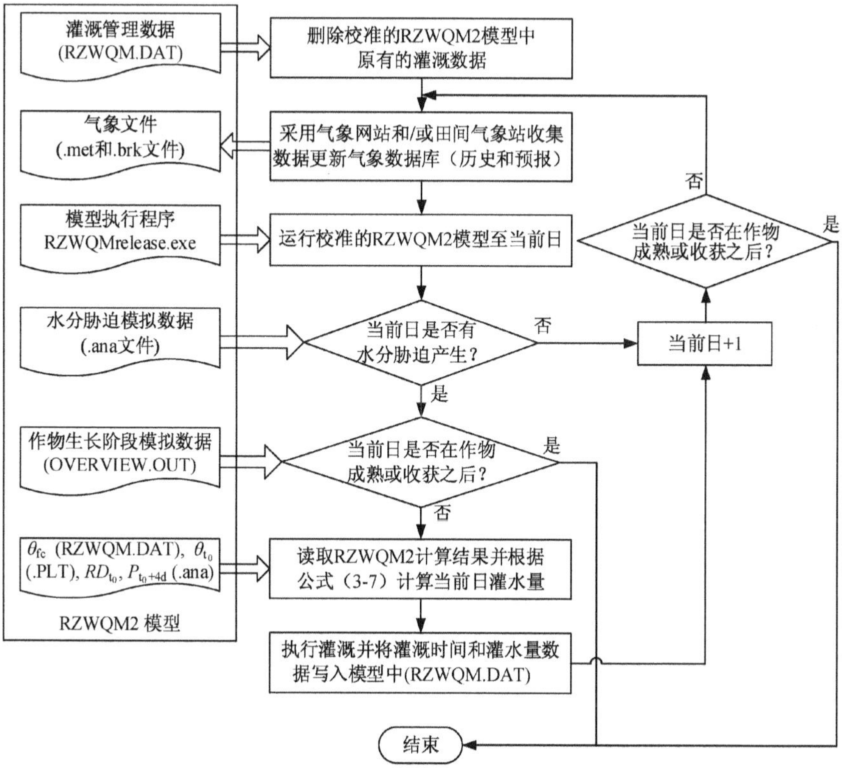

图 3.2　基于水分胁迫的实时灌溉决策方法流程图

图中展示了用于实时灌溉决策时，所提出的决策方法具体实施过程，以及每一步与 RZWQM2 模型文件的交互过程。每一步操作涉及的模型文件列于流程图中左侧框内。这些文件的数据流向如图中箭头所示。

3.3 基于 RZWQM2 水分胁迫的灌溉决策软件开发

由于所提灌溉决策方法需要频繁与 RZWQM2 模型进行数据交互，且涉及气象数据获取、灌水量计算等过程，对于没有模型专业背景的人员，采用该方法进行灌溉决策具有较大的困难，且在实时决策过程中，若每日进行流程图 3.2 中的操作将是一件非常繁重的工作，也不能保证获取数据和计算的可靠性。为此，基于上述灌溉决策方法，开发了基于 RZWQM2 水分胁迫的灌溉决策软件——RZ_IrrSch。

RZ_IrrSch 是一款基于 Eclipse 平台 Java 语言开发的电脑端软件，其界面采用 Java 的 Swing 组件开发，具有友好的用户界面。RZ_IrrSch 主要有两个组件，一是气象数据库组件，另外一个是灌溉决策组件。气象数据库组件负责获取历史和预测气象数据，并自动转换为 RZWQM2 模型数据格式后存放到 MySQL 数据库中，灌溉决策组件则通过调取 MySQL 数据库中对应的气象数据生成 RZWQM2 模型气象文件并运行模型，通过对运行结果的数据计算得出灌溉决策。其中，MySQL 数据库是 Oracle 公司的一款免费开源软件，可通过 Java 代码实现软件对 MySQL 数据库数据的读写。

如图 3.3 为气象数据库组件界面，可以实现增加网络气象站点，创建相应网络气象站点数据表，插入相应站点历史气象数据，更新相应站点当前气象数据和预测气象数据的功能。图中所示组件更新的气象数据是基于气象网站数据的，其中，历史气象数据由 https://www.wunderground.com 网提供，预测气象数据由 http://www.openweathermap.org 网提供。增加站点时，首先通过该气象网站选定目标灌溉点附近的网络气象站点，并将选定站点的网址复制到组件界面中，组件将会自动搜索该气象站点的基本信息并建立与该气象站点的数据连接存放到数据库中，自此，组件便可根据用户需要，将相应时间范围的气象数据更新到数据库中备用。若目标灌溉点有田间气象站，则可根据气象站实际情况修改该组件，例如，田间气象站可将数据自动上传至服务器，则可建立与该服务器的连接获取数据，若田间气象站可直接将数据更新到 RZ_IrrSch 安装的电脑，则可直接从电脑中读取气象数据。总之，通过实际情况简单修改气象数据库组件，可以实现历史和预测气象数据的更新。

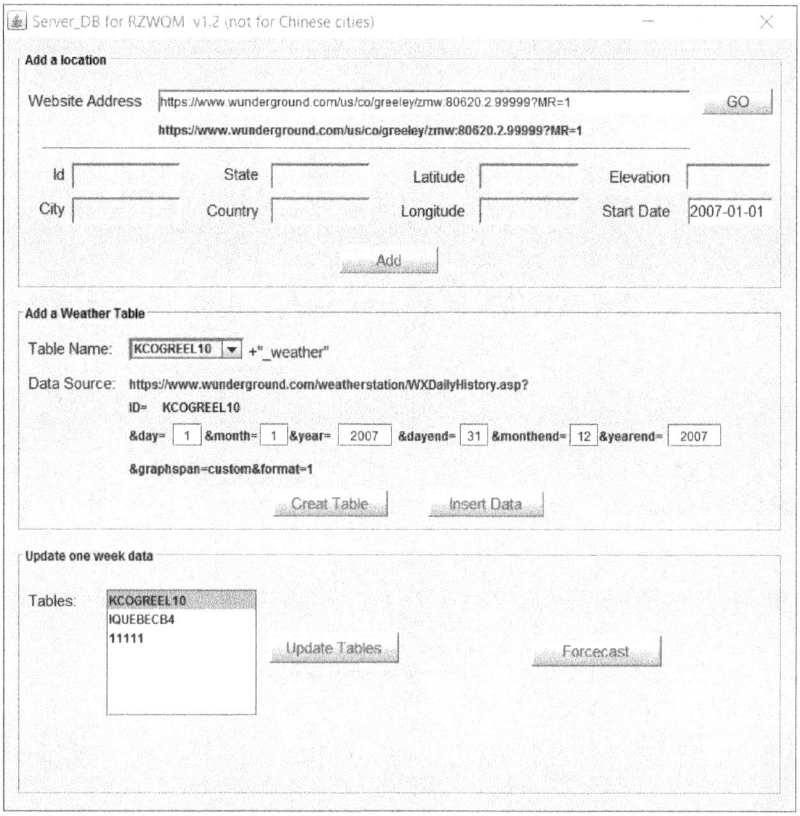

图 3.3　基于网络气象数据的 RZ_IrrSch 气象数据库组件界面

如图 3.4 为灌溉决策组件界面，包括参数输入界面和决策计算界面。参数输入界面需要选择数据库中已经存放的站点作为目标决策点的气象数据输入，以及设定作物种植的时间，作物参数、土壤参数和管理参数等会从对应校准的模型中自动获取，若需要改动，可以事先由专业人员在需要调用的 RZWQM2 模型中修改，或直接在该输入界面进行修改，该软件和 RZWQM2 模型共用相同的参数文件。在参数输入界面可以修改的参数，包括 DSSAT-CSM 模型中作物参数、土壤分层设置、土壤初始状态设置、土壤残渣设置、土壤水动力属性设置、种植及灌溉管理参数修改等，修改界面与 RZWQM2 模型参数设置界面类似，修改的参数将直接记录到对应的 RZWQM2 模型中，并被后续灌溉决策计算调用。一般修改作物、土壤和管理参数等均在模型校准阶段完成，使用 RZ_IrrSch 软件时不需要进行修改，且软件启动时将自动获取校准好的模型中相关的参数，此时，可直接进入参数输入界面的最后一步[图 3.4(a)]，并点击“Prepare RZWQM2 Files”按钮，软件即从对应数据库中调取数据生成最新的模型气象文件。随后点击“Calculation”按钮退出参数输入界面，进入决策计算界面。

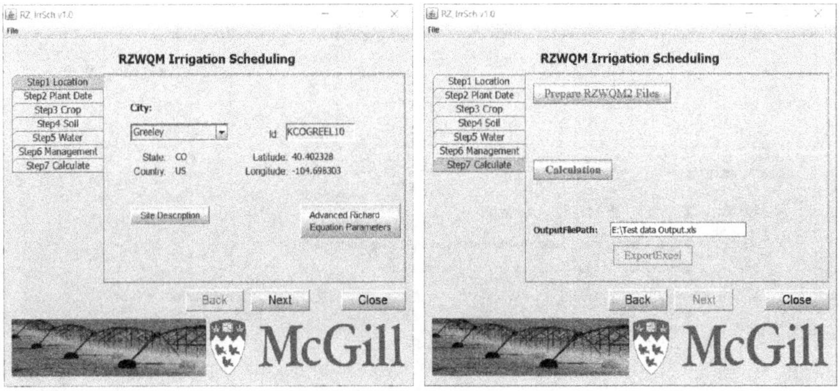

(a) 参数输入界面

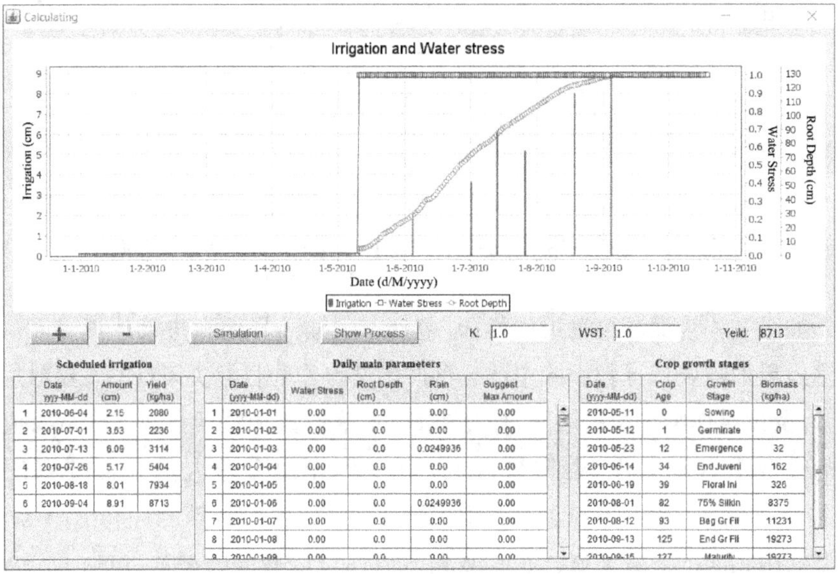

(b) 决策计算界面

图 3.4 灌溉决策组件界面示例

如图 3.4(b)，决策计算界面将会提供灌溉管理用户决策的灌溉方案下作物的水分胁迫和作物生长情况，并以图表形式显示。该界面上方作出了某一种植季当年第一天至灌溉决策当天已有的灌溉及在该灌溉方案下作物水分胁迫和根系生长状况，因此，用户可以直观地看到作物的水分胁迫情况。决策计算界面的下方为三个表格，由左至右分别为灌溉制度表、每日作物生长情况表和作物生长阶段表。灌溉制度表记录已经生成或实行的灌溉，提供具体的灌溉日期和灌水量。每日作物生长情况表提供作物每日的水分胁迫模拟值和根系长度值，与该界面上方图中数据一致，另外该表还提供每日的降雨量数据（包括预测降雨量）和建议灌水量，该建议灌水量即为通过公式(3-7)计算得到的。其中，K 值和水分胁迫阈值(WST)均可以在该界面中进行设置，计算的建议灌水量也会随之变化。作物生长阶段表中给出了模型模拟的作物各生育阶段时间，用于辅助用户进行决策，特别是接近作物成熟或收获期，用户可以适当减小单次灌水量，避免水资源浪费。另外，该界面上的"＋""－"按钮可以增加或删除一条灌溉记录；"Simulation"按钮用于启动 RZWQM2 模型进行模拟，当点击该按钮时，灌溉制度表中的灌溉数据将被写入 RZWQM2 模型中，并运行模型，模型运行完成后，该界面会读取运行结果并根据所提灌溉决策方法的第(2)步进行决策，给出当前灌溉方案下的数据更新。若某一决策日产生灌溉建议，则弹出窗口提示用户，用户可以在灌溉制度表中添加灌溉事件。"Show Process"按钮用于打开 RZWQM2 模型运行过程状态界面，便于观察模型运行状态及进度。

值得一提的是，上述的基于水分胁迫的灌溉决策方法也可以集成到 RZWQM2 模型中用于优化历史灌溉制度，就像 RZWQM2 v3.0 中已有的自动灌溉方案"Root Zone Depletion"和"ET Deficit"一样，但是，对于实时灌溉而言，还需要不断更新气象数据。RZ_IrrSch 软件可以自动获取并转化气象数据，并可以简要直观地呈现决策过程和采用尽可能少的用户操作，有利于灌溉管理者，特别是对灌溉决策过程理解不足或模型运用能力较弱的灌溉管理人员，实现有效的灌溉决策。

3.4　本章小结

(1) 介绍了 RZWQM2 模型水分胁迫计算过程，从原理上阐述了 RZWQM2 模型中水分胁迫指数($SWFAC$，$TURFAC$)作为反映作物对土壤水分响应的综合指标，被用于灌溉决策的合理性和可行性。

(2) 提出了实时灌溉实践中基于 RZWQM2 水分胁迫的灌溉决策方法具

体方案。首先获取实时气象数据并整理成 RZWQM2 模型的气象文件格式，然后运行模型预测作物水分胁迫，当水分胁迫产生时，增加灌水量为当前根系范围内土壤含水量与田持的差值，并减去未来 4 d 的预测降雨量。将决策的灌溉事件记录到 RZWQM2 模型中，重复上述过程进行下一次灌溉决策。

(3) 基于提出的灌溉决策方法，采用 Java 语言开发了 PC 端灌溉决策软件 RZ_IrrSch，设计了软件界面，并详细介绍了该软件的各组成部件及运行过程，给后续该灌溉决策方法的性能分析和田间灌溉决策支持系统的建立奠定了基础。

第四章 基于 RZWQM2 水分胁迫的灌溉决策方法性能测试

为测试基于 RZWQM2 模型水分胁迫的灌溉决策方法的有效性，本章将采用三个不同试验地的历史实验数据及其对应的率定的 RZWQM2 模型，探索在采用基于 RZWQM2 水分胁迫方法下得到的灌溉制度相比原试验地采用的灌溉制度的优越性，并从机理上分析其获得更好灌溉决策的原因。鉴于测试过程与第三章 3.2 节中提出的实时灌溉决策方法的差异，首先介绍了本章采用的性能测试方法，然后对美国 Colorado 州试验田、新疆策勒绿洲试验田以及美国 Mississippi 州试验田进行了测试，并采用美国 Colorado 州试验田的测试结果具体分析了基于 RZWQM2 水分胁迫的灌溉决策方法的性能及其原理。

4.1 性能测试方法

根据第三章 3.2 节提出的基于水分胁迫的实时灌溉决策方法，可以采用某一试验地过去几年的历史实验数据对模型进行率定，然后在接下来的几年里同时采用原先的灌溉决策方案和所提出的基于水分胁迫的灌溉决策方案进行对比实验，从而验证所提灌溉决策方法的有效性。这样的实验虽然是必要的，但是将耗费大量的时间和物力财力，无法在短期内测试所提方法的有效性。

Ma 等[37](2012)的研究表明，经过校准的 RZWQM2 模型可以很好地模拟作物在不同灌溉方案下的作物响应，因此可以用于进行灌溉决策。因此，本章将采用模拟验证的方法讨论所提灌溉决策方法的有效性，即假设原田间试验过程中的灌溉方案不存在，而采用所提基于水分胁迫的方法产生新的灌溉方案，并对比在实际田间灌溉方案和新的灌溉方案下模型模拟的作物生长、耗水量、产量等方面的差异。模型中除灌溉方案外其他参数完全相同，均为模型校准后的参数。该测试过程中，由于获取基于水分胁迫方法的灌溉方案与实时灌溉决策有所不同，因此，对原灌溉决策方法的流程进行了修改，如图 4.1 所示。

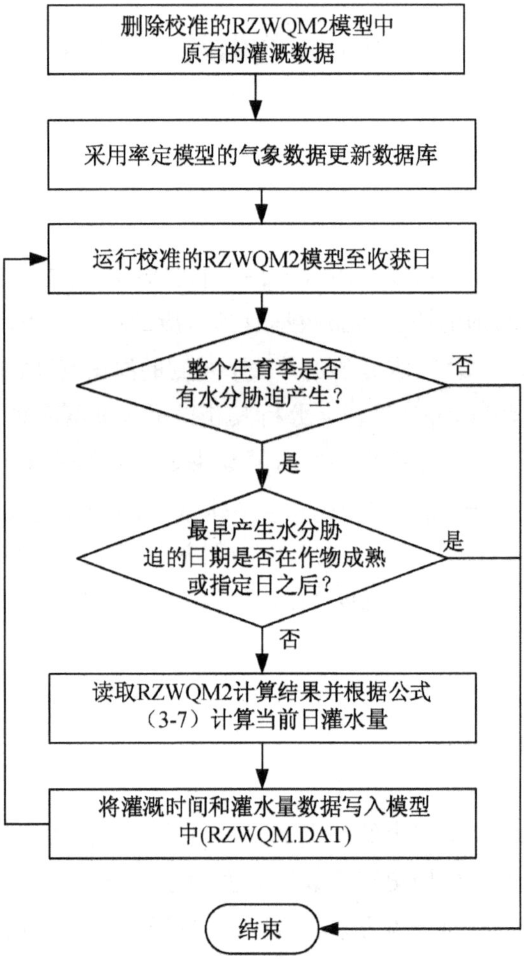

图 4.1　基于水分胁迫的灌溉决策方法模拟过程

首先，气象数据不再采用网络数据，而是以率定模型所采用的气象数据为准。模型率定所采用的数据往往是田间气象站测量数据。由于作物生育期内的气象数据都已经存在，预报气象数据也采用记录的数据，即对于某一灌溉决策日，当计算灌水量时，考虑未来降雨量为该决策日之后 4 d 的历史实际降雨量。另外，实时灌溉决策时由于未来气象数据的有限性和不确定性，需要每天或频繁地进行灌溉决策，而在模拟历史试验田的灌溉决策中，所有气象数据都已经可以提供，因此，模型可以连续地运行下去，直到产生水分胁迫的一天添加灌溉数据即可。因为 RZWQM2 模型的运行程序在模拟作物一个生育期的生长过程中不能主动中断，更改灌溉管理数据后继续执行，为方便起见，每次运行校准的模型都从种植日（或该年第一天）运行到收获日，然后读取模型的水分胁迫响应，并在最早产生水分胁迫的日期添加灌水量，灌水量由公式(3-7)按照当天的土壤水分情况计算。将该添加的灌溉事件写入模型文件中再次运行并检测最早产生水分胁迫的日期后增加灌溉事件，重复该过程直到作物在该生育期中不再产生水分胁迫。生成灌溉方案的过程中，水分胁迫低于 1.0 即添加灌溉，即水分胁迫阈值（WST）设定为1.0。按如上方法生成的灌溉方案与逐日进行决策的结果相同，但可以尽少地运行 RZWQM2 模型，节约决策时间。另外，上述过程不一定要消除生育期内的所有水分胁迫后结束，通过程序设定，可以在作物成熟或者用户指定的日期后停止灌溉，即当检测到最早的水分胁迫发生在作物成熟日期或指定日期之后时，该生育期的灌溉决策过程即可停止。

在测试不同试验田的案例中，使用到的水量平衡方程[94]为：

$$P + I + SWS_o = SWS_e + ET_a + D_s + R \tag{4-1}$$

式中：

D_s——深层渗漏（cm）；

ET_a——实际蒸散量（cm）；

I——计算周期内累计灌水深度（cm）；

P——计算周期内累计降雨量（cm）；

R——地表径流（cm）；

SWS_o——计算周期初始土壤储水量（cm）；

SWS_e——计算周期最终土壤储水量（cm）。

灌溉节水比例计算如下：

$$\Delta I = (I_F - I_{WS}) / I_F \times 100 \tag{4-2}$$

式中：

ΔI——灌溉节水比例（%）；

I_F——原田间灌溉用水量（cm）；

I_{WS}——基于水分胁迫灌溉方案下的灌溉用水量（cm）。

另外，在 RZWQM2 模型中设置的土壤分层参数一般为 10 层以内，但是，

RZWQM2 计算时为求解土壤水分运移方程 Richard 方程的数值解，还会将输入的土壤分层进行数值分层。为获得更加精确的灌水量计算，公式(3-7)中的分层是指 RZWQM2 模型中的数值分层，且在本章中所使用的土壤含水量均采用数值分层的土壤参数计算加权平均土壤含水量，如公式(4-3)，在用户设置的土壤层内的数值层土壤参数与该层土壤参数相同。

$$\theta = \frac{\sum_{i=1}^{N} (\theta_i \cdot D_i)}{\sum_{i=1}^{N} D_i} \tag{4-3}$$

式中：

i——第 i 层土壤层；

N——计算日模拟根系深度内土壤数值层数；

θ——计算日根系土壤层深度的加权平均土壤含水量，包括加权平均的土壤田持含水量，凋萎点含水量，以及当前含水量($cm^3 \cdot cm^{-3}$)；

θ_i——第 i 层土壤层对应的土壤含水量(cm)；

D_i——第 i 层土壤层深度(cm)。

4.2 美国 Colorado 州试验田性能测试

在采用美国 Colorado 州试验田的测试中，种植作物为玉米，田间试验中采用 ET 水量平衡方法进行灌溉决策，记为 ET-WB 灌溉处理。试验地位于美国 Colorado 州 Greeley 市附近(40.45°N, 104.64°W)，采用 2008—2010 三年的田间试验数据进行 RZWQM2 校准。试验数据由该试验地田间管理团队提供[193,194]，其中，气象数据由 Colorado 州农业气象网络(Colorado Agricultural Meteorological Network, http://ccc.atmos.colostate.edu/～coagmet/)的一个标准田间气象站(GLY04)记录[37]。2008—2010 年作物生育季(从种植到收获)的降雨量依次为 259 mm、244 mm 和 222 mm，相比该地 18 年间(1992—2010)5 月至 10 月的平均降雨量(191 mm)稍高。种植玉米品种为 Dekalb 52-59，2008 年 5 月 12 日播种，11 月 6 日收获；2009 年 5 月 11 日播种，11 月 12 日收获；2010 年 5 月 11 日播种，10 月 19 日收获。平均播种密度为每公顷 81 000 粒种子，行间距 0.76 m。根据 ET 测量值及水量平衡分析，田间试验中每 3～7 d 灌溉一次，每次灌水量为潜在作物蒸散量[28]，采用滴灌系统进行灌溉。土壤分层参数，包括田持、凋萎点等均单独进行了校准并列于表 4.1。这些参数由田间试验测量参数估计得到，其中，田持含水率设置为水吸力 1/3 bar 时土壤含水量，凋萎点设置为 15 bar 土壤含水量。试验地其他情况以及田间试验的具体细节参见 Ma 等[37]（2012）。

表 4.1　Colorado 试验地土壤分层参数

土壤层深度（cm）	容重（$g \cdot cm^{-3}$）	饱和含水率（$cm^3 \cdot cm^{-3}$）	田持含水率（$cm^3 \cdot cm^{-3}$）	凋萎点含水率（$cm^3 \cdot cm^{-3}$）
0～15	1.492	0.437	0.262	0.131
15～30	1.492	0.437	0.249	0.124
30～60	1.492	0.437	0.220	0.110
60～90	1.568	0.408	0.187	0.093
90～120	1.568	0.408	0.173	0.086
120～150	1.617	0.390	0.162	0.081
150～200	1.617	0.390	0.198	0.099

在该测试例中，作物水分胁迫采用 *SWFAC* 指标，水分胁迫阈值（*WST*）设置为 1.0，灌水量水平 *K* 设置为 1.0，即当 RZWQM2 模拟的 *SWFAC* 指标参数低于 1.0 时触发灌溉，灌水量为将当前根系土壤含水量（加权平均值）恢复至当前根系深度土壤层的田持含水量（加权平均值）。灌溉结束日期设置为灌浆期（Grain Filling）开始后 30 d，该日期后即使模拟到作物水分胁迫也不再进行灌溉。由于 RZWQM2 模型中，灌浆期结束后，玉米的产量和水分胁迫不再对环境变化作出响应，而保持灌浆期最后一天的状态直至模拟结束，因此，在灌浆期之后的灌溉引起的土壤含水量变化将不再影响产量。在 Colorado 州试验田 2008—2010 年的田间处理的模拟中，灌浆期的时长依次为 43、41 和 32 d，且田间单次灌溉后土壤储水量一般可以维持 10 d 左右的作物需求，因此，在该测试中，以灌浆期开始后 30 d 作为灌溉结束日，避免在接近灌浆期结束时产生较大灌水量的灌溉事件，造成灌浆期之后土壤含水量较高，而高于水分胁迫发生的土壤含水量不能增加作物产量，造成水资源浪费。

4.2.1　基于水分胁迫充分灌溉下节水性能分析

采用充分灌溉，即当灌溉触发时，将当前土壤含水量灌至田持，公式（3-7）中的 $K=1$，该灌溉处理记为 WS_$K=1$。2008—2010 年原田间试验灌溉方案与采用水分胁迫方法的充分灌溉方案（$K=1$）下的模拟结果主要参数对比列于表 4.2，表中参数为从种植到收获期间的统计结果。两种灌溉方案下的灌溉时间和灌水量处方图，以及在灌溉和降雨作用下作物水分胁迫响应和土壤水分的变化曲线绘制于图 4.2。测试结果表明，WS_$K=1$ 和 ET-WB 两种灌溉方案下的模拟产量相近，但是，WS_$K=1$ 灌溉方案下相比 ET-WB 方案用水量减少了 30.5%（2008 年）、17.3%（2009 年）和 7.1%（2010 年）。在任意一年中，两种灌溉处理方案下的初始土壤含水量（SWS_o）和降雨量（P）均相同，深层渗漏（D_s）和地表径流（R）相比蒸散量和土壤含水量较小，可忽略不计。根据水量平衡方程公式(4-1)可知，WS_$K=1$ 方案下灌水量的减少归因于实际蒸散量（ET_a）和/或最终土壤含水量（SWS_e）的减小。在 2008 年和 2009 年，WS_$K=1$ 方案的 SWS_e 均降低，2008 年土壤蒸发量 E_a 和作物蒸腾量 T_a 均降低，2009 年 E_a 降低，T_a 不变；而 2010 年，E_a 降低，T_a 稍有降低。

表 4.2 Colorado 试验田 2008—2010 年基于 ET-WB 和基于水分胁迫灌溉方案下模拟结果对比

灌溉方案	SWS_o (cm)	SWS_e (cm)	P (cm)	I/n (cm)/次	E_a (cm)	T_a (cm)	ET_a (cm)	D_s (cm)	T_p^{SW} (cm)	$TPWU$ (cm)	$\overline{SWS}$ (cm)	产量 Y (kg · ha^{-1})	ΔI (%)
2008ET-WB	32.6	31.9	25.9	45.9/16	23.6	47.8	71.4	1.1	48.6	864.8	37.4	10 331	—
2008WS_$K=1$		25.8		31.9/7	19.8	44.3	64.1	0.5	49.4	592.6	32.3	10 325	30.5
2009ET-WB	34.1	30.7	24.4	41.7/15	26.1	42.8	68.9	0.5	42.8	1 014.9	36.3	10 359	—
2009WS_$K=1$		27.7		34.5/5	21.9	42.8	64.8	0.5	42.9	613.6	33.0	10 355	17.3
2010ET-WB	34.9	26.1	22.2	36.6/12	24.0	43.1	67.1	0.5	48.4	627.6	34.7	8 724	—
2010WS_$K=1$		26.1		34.0/6	22.2	42.3	64.5	0.5	48.8	426.4	33.0	8 713	7.1

注：所有灌溉方案下的地表径流为 0。SWS_o、SWS_e 和 $\overline{SWS}$ 分别为初始（种植时）土壤储水量、最终（收获时）土壤储水量和生育季土壤储水量平均值；P：降雨量；I：灌水量；n：灌水次数；E_a：实际蒸发量；T_a：实际蒸腾量；ET_a：实际蒸散量；D_s：深层渗漏；T_p^{SW}：Shuttleworth-Wallace 潜在蒸腾量；$TPWU$：总潜在根系吸水量；ΔI：灌溉节水比例，由公式(4-2)计算。

由公式(3-1)可知，以日为尺度，当潜在根系吸水量（PWU）小于潜在蒸腾量（T_p^{SW}）时，才产生水分胁迫，按照所提的灌溉决策方法，此时才添加灌溉，因此，在这种方法下，整个作物生育季的平均土壤含水量将会降低，如表 4.2 中的 $\overline{SWS}$，从而使生育季中的土壤蒸发量（E_a）也降低，加上灌溉方案中针对性地降低灌浆期结束后的土壤含水量，该阶段的作物实际蒸腾量（T_a）和收获时的土壤储水量（SWS_e）也能得到降低，且这两者都不能增加作物产量。另外，测试结果显示，采用水分胁迫的灌溉决策方案比原采用 ET-WB 的灌溉方案减少了灌溉次数，因此能有效减少土壤表层的湿润频率，也能减少土壤蒸发量(E_a)。

表 4.3 Colorado 试验田 ET-WB 和 WS_K=1 灌溉处理下灌浆期前后蒸发蒸腾量对比

灌溉方案	从种植到灌浆期结束		从灌浆期结束到收获	
	E_a(cm)	T_a(cm)	E_a(cm)	T_a(cm)
2008ET-WB	20.1	38.8	3.6	9.0
2008WS_K=1	18.8	40.4	1.0	4.0
2009ET-WB	23.5	39.7	2.6	3.1
2009WS_K=1	19.9	39.7	2.1	3.1
2010ET-WB	23.0	36.1	1.0	7.0
2010WS_K=1	21.1	36.5	1.1	5.8

表 4.4 Colorado 试验田 ET-WB 和 WS_K=1 灌溉处理下灌浆期前后实际与潜在蒸腾量对比

灌溉方案	从种植到收获		从种植到灌浆期结束	
	T_a(cm)	T_p^{SW} (cm)	T_a(cm)	T_p^{SW} (cm)
2008ET-WB	47.8	48.6	38.8	39.6
2008WS_K=1	44.3	49.4	40.4	40.4
2009ET-WB	42.8	42.8	39.7	39.7
2009WS_K=1	42.8	42.9	39.7	39.7
2010ET-WB	43.1	48.4	36.1	36.1
2010WS_K=1	42.3	48.8	36.5	36.5

注:T_a:实际蒸腾量;T_p^{SW} :Shuttleworth-Wallace 潜在蒸腾量。

表 4.2 中,2008 年的 WS_K=1 灌溉处理下作物蒸腾量(T_a)明显降低,但由表 4.3 对玉米灌浆期结束前后蒸腾量的对比可知,在灌浆期结束前,WS_K=1 灌溉处理下的作物蒸腾量并未减少,在 2008 年还有明显的增加,而在灌浆期结束后作物蒸腾量却有明显减少。表 4.4 也显示,虽然整个生育季的作物蒸腾量(T_a)减少,但潜在蒸腾量(T_p^{SW})却有所增加,在灌浆期结束前,三年的 WS_K=1 处理下 $T_a = T_p^{SW}$,作物实际蒸腾量能达到潜在蒸腾量的需求,因此没有水分胁迫产生,不会影响作物产量。由此可见,WS_K=1 灌溉处理能保证作物在灌浆期结束前的作物需水量,而降低灌浆期结束后对产量无明显作用的蒸腾用水,且不管是灌浆期前还是灌浆期后,土壤蒸发量(E_a)

相比 ET-WB 灌溉处理整体减少。因此,从水量平衡方程看,整个作物生育季土壤蒸发量(E_a)和灌浆期结束后作物蒸腾量(T_a)以及最终土壤含水量(SWS_e)的减小,促成了 WS_$K=1$ 灌溉处理的节水效果。

图 4.2 中,所有土壤含水量计算值为每日根系深度土层内的含水量,由公式(4-3)计算,除作物水分变化外,作物生长后根系长度的变化将影响计算采用的土壤层深度,因此田持含水量(θ_{fc}),凋萎点含水量(θ_{wp})也会随着作物生长而变化,θ_{LL}为下限土壤含水量,通过最大允许亏缺系数 MAD 定义,$\theta_{LL}=\theta_{fc}-[MAD\cdot(\theta_{fc}-\theta_{wp})]$,且图中 θ_{LL}曲线使用 $MAD=0.6$。图中三条垂直虚线从左至右依次表示灌浆期起始日,灌浆期起始后 30 天,以及灌浆期结束日。在 WS_$K=1$ 灌溉处理下的土壤含水量(θ)整体上比 ET-WB 处理的要低,且基本保持在最低土壤含水量(θ_{LL})和田持含水量(θ_{fc})之间,但 ET-WB 灌溉处理下的土壤含水量却经常处于田持附近甚至超过田持。ET-WB 处理下过多的水分最终储存在土壤中,因此 SWS_e较高(表 4.2),有些水分通过土壤蒸发或灌浆期结束后的蒸腾被浪费掉,这些对作物生长无效的水分在基于水分胁迫的灌溉决策方法中均被最大限度地降低,同时还能保证玉米灌浆期结束前生育期的需水,从而保证作物产量。

Fereres 和 Soriano[195](2007)研究指出,当灌水量低于田间蒸散量 ET 时,作物可以吸取土壤中储存的水分来补偿,若土壤储存的水量足够,那么作物的蒸腾也不会受到影响。基于 RZWQM2 水分胁迫的灌溉决策方法,可以充分利用土壤储水量来满足作物蒸腾。由于土壤储水量受到初始储水量、气象条件、降雨量以及灌溉等因素影响,因此,在充分利用土壤储水量的过程中,基于水分胁迫的方法实际上已经将众多的因素考虑在内。另一项 Panigrahi 等[196](2014)的研究表明,在一种金诺橘(Kinnow)的早期果实生长阶段仅以 50%作物蒸散量(ET_c)进行灌溉将提高用水效率,且不会明显影响果实产量。由此可见,通过充分利用作物对水分胁迫的耐受力[196]和土壤储水量[195],可实现灌溉节水并保证作物产量,所提出的基于水分胁迫的灌溉决策方法在这两点上具有良好的性能,因此,具有制定良好灌溉制度的潜力。

灌溉决策方法,如果不能制订良好的灌溉时间和灌水量方案,可能会导致作物生育期内土壤含水量处于不合理的变化范围,时而低于最小限度(如图 4.2 中 2008 年和 2010 年产生水分胁迫处),时而过大,超过土壤田持(如图 4.2中三年中每年 8 月之后 ET-WB 灌溉处理下的土壤含水量),这样的灌溉决策方法将影响作物产量且浪费灌溉用水。总之,WS_$K=1$ 灌溉处理可以将作物生育期内的土壤含水量降低到不产生水分胁迫的水平，从而充分利用通过雨水或其他水资源补给到土壤中的水分，减少灌溉用水；另外，该处理下的平均土壤含水量，灌溉频率均降低，降低了土壤蒸发，最终，通过充分利用非灌溉水资源和减少不必要的消耗提高了灌溉水效率。

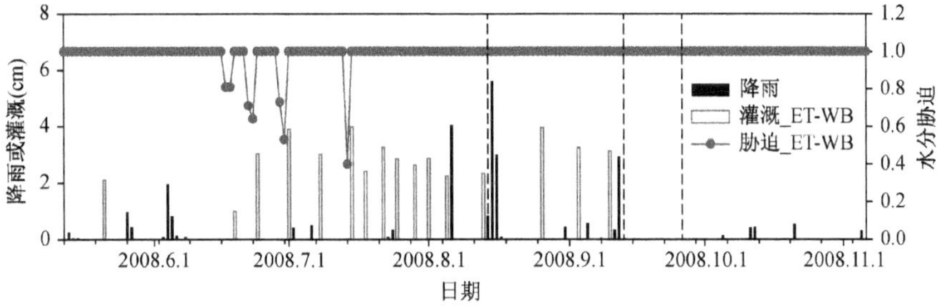

（Ⅰ-a）基于 ET-WB 灌溉处理和降雨下的作物水分胁迫响应（2008 年）

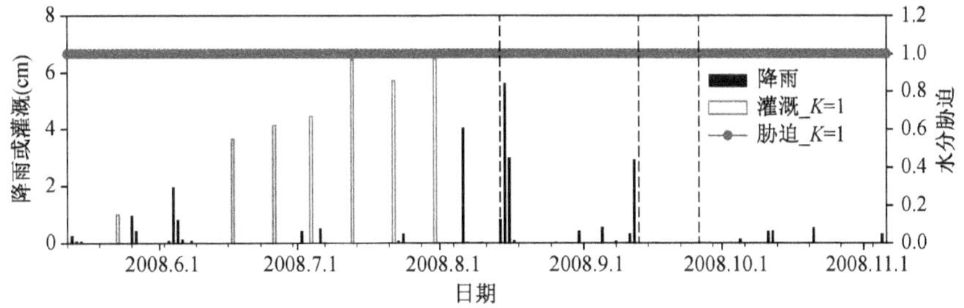

（Ⅰ-b）基于水分胁迫（$K=1$）灌溉处理和降雨下的作物水分胁迫响应（2008 年）

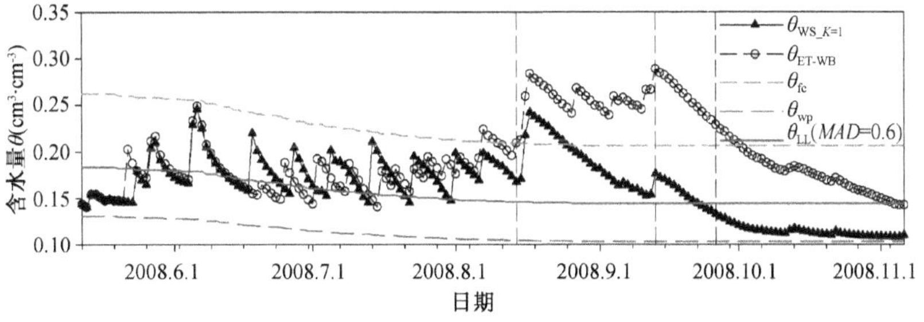

（Ⅰ-c）基于水分胁迫（$K=1$）和 ET-WB 灌溉处理下的土壤含水量变化（2008 年）

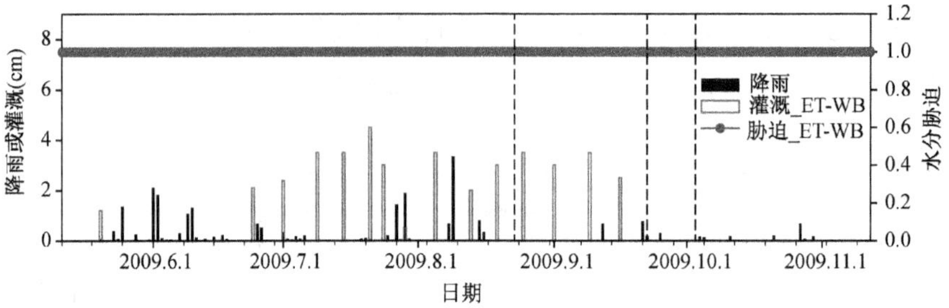

（Ⅱ-a）基于 ET-WB 灌溉处理和降雨下的作物水分胁迫响应(2009 年)

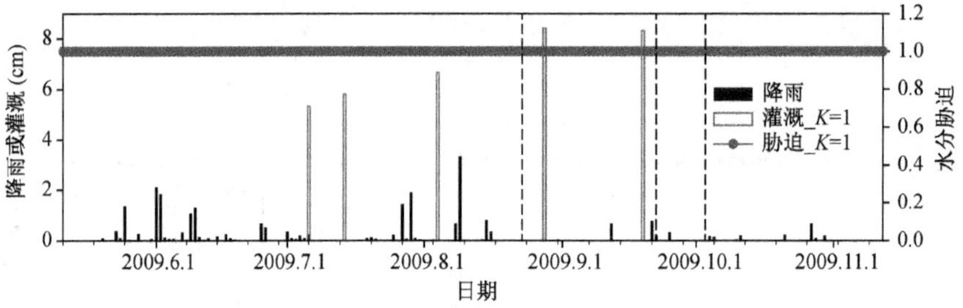

（Ⅱ-b）基于水分胁迫($K=1$)灌溉处理和降雨下的作物水分胁迫响应(2009 年)

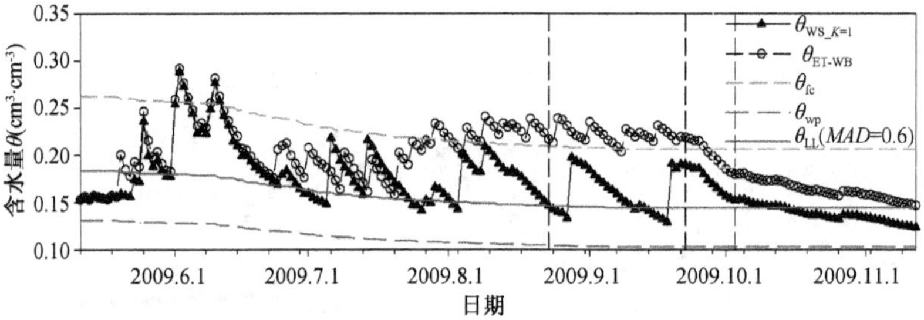

（Ⅱ-c）基于水分胁迫($K=1$)和 ET-WB 灌溉处理下的土壤含水量变化(2009 年)

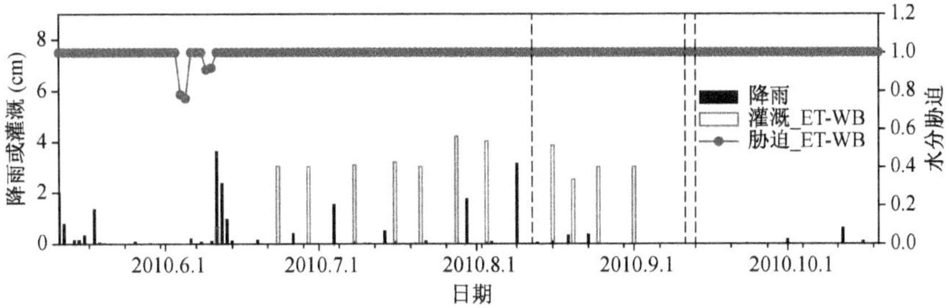

(Ⅲ-a)基于 ET-WB 灌溉处理和降雨下的作物水分胁迫响应(2010 年)

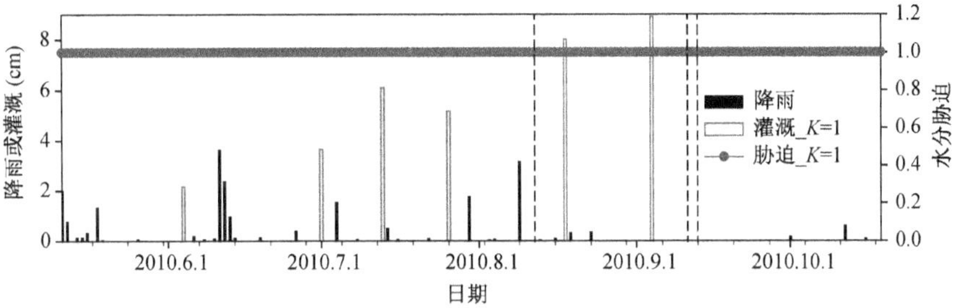

(Ⅲ-b) 基于水分胁迫($K=1$)灌溉处理和降雨下的作物水分胁迫响应(2010 年)

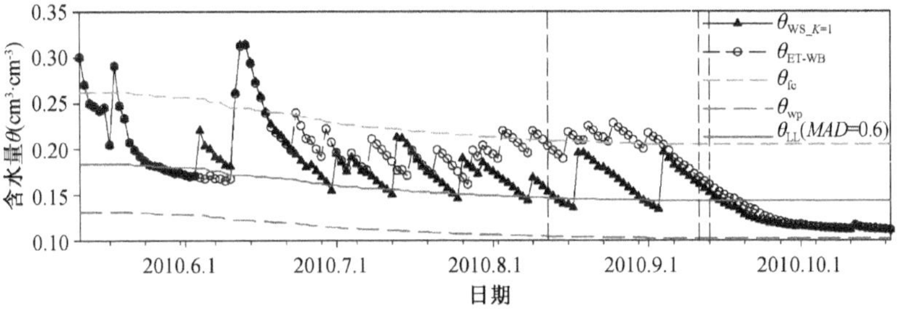

(Ⅲ-c) 基于水分胁迫($K=1$)和 ET-WB 灌溉处理下的土壤含水量变化(2010 年)

图 4.2　2008—2010 年 Colorado 试验田基于 ET-WB 和 WS _K=1 灌溉处理下土壤含水量变化比较

4.2.2　基于水分胁迫非充分灌溉下节水性能分析

上述 WS_$K=1$ 的灌溉处理能在作物生育期的大部分时间使土壤保持在合适的含水量范围,但受到降雨的影响,有时土壤含水量仍会明显地超过土壤田持。在作物成熟时，如玉米灌浆期结束时，若土壤含水量仍然高出下限土壤含水量，说明土壤中高出下限含水量部分的水分并没有在有效生育期内被利用。虽然降雨对土壤含水量的影响不可避免，但是如果可以使灌溉后的土壤含水量尽量接近下限含水量，则可以降低降雨后土壤含水量过大的风险，同时也能降低作物成熟后残留的可利用的土壤储水量，进一步提高灌溉用水效率。从基于水分胁迫的灌溉决策方法原理上看，只要土壤含水量在水分胁迫定义的土壤含水量下限之上，那么理论上就能满足作物生长需求，对产量不产生影响，因此，只要能消除水分胁迫，每次灌溉触发时采用较小的灌水量，便有可能进一步降低灌溉水量，提高灌溉效率。一些研究也表明，较高频率的灌溉处理可以降低蒸散量 ET，提高用水效率[197]，从而节约灌溉用水[198]，相比土壤田持较低的土壤含水率也可以促进作物根系生长，提高产量[199]。

如果作物生育季中，保持每日土壤含水量刚好高于土壤含水量下限（由 *SWFAC* 或 *TURFAC* 定义），保证作物光合作用和干物质积累，那么可以得到最小的灌水量。然而，这样的灌溉方案是不实际的，因为：(1) 降雨会增加土壤含水量；(2) 灌溉管理实践中考虑灌溉装备的容量和灌溉周期，往往不可能非常频繁地灌水，且单次灌水量很小；(3) 每次很小剂量的灌溉会导致土壤浅层湿润而深层干燥，对根系作物生长和减少土壤蒸发都不利。虽然存在一定的不利因素，但还是可以尝试采用 RZWQM2 模型评估增加灌溉频率并减小单次灌水量的灌溉方案的节水性能。仍采用水分胁迫指标 *SWFAC*，水分胁迫阈值(*WST*)设置为 1.0，但改变单次灌水量水平，通过减小 K 值来实现。由于单次灌水量的减小，模型模拟的水分胁迫发生将会更加频繁，因此，在基于水分胁迫的灌溉决策方法下，灌溉频率将自动增加。测试了 K 从 1.0 降到 0.3，间隔 0.1 的不同灌溉处理，当 K 值较小时，由公式(3-7)计算的灌水量会出现较小甚至为负值的情况，此时，设置最小灌水量为 1 cm，保证消除水分胁迫。

不同系数 K 下的灌溉方案及相关参数列于表 4.5 中（$0.6 \leqslant K \leqslant 1.0$），节水比例的变化绘制于图 4.3 中（$0.3 \leqslant K \leqslant 1.0$）。由表 4.5 可知，随着系数 K 的减小，2008、2009 和 2010 年的模拟产量变化较小，依次平均减小了 0.5%、1.7%和 0.6%（$0.3 \leqslant K \leqslant 1.0$），但三年的节水比例随着 K 值的减小均呈现上升的趋势（图 4.3），但存在波动，因此不能确定节水比例最高时的系数 K。但是，实际灌溉实践中，在基于水分胁迫的灌溉决策方法下，总体上可以通过降低单次灌溉的灌水量达到在保持产量的情况下尽可能节约用水的目的。然而，降低单次灌水量（降低 K）会增加灌溉次数/频率，提高减产风险（表 4.5），不利于作物生长和灌溉管理操作，因此，需要权衡节水性能和灌溉管理的经济性以及减产的风险，选用合适的 K 值。

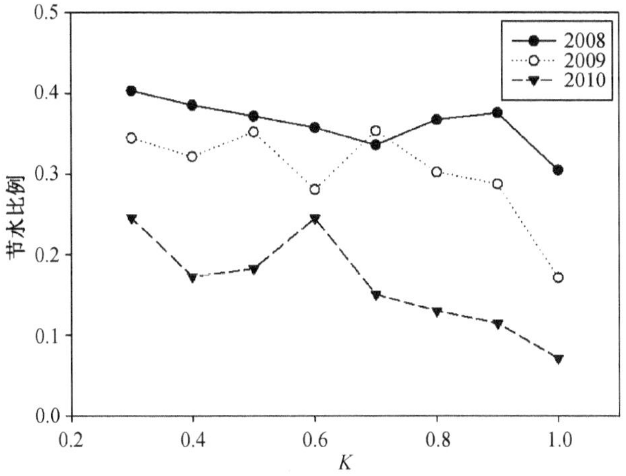

图 4.3　Colorado 试验地 2008—2010 年不同 K 值灌溉处理下灌溉节水比例

表 4.5 显示，基于水分胁迫的灌溉方案，当 K 减小时，其节水比例（相比田间 ET-WB 灌溉处理）相比 $K=1$ 时的灌溉方案明显增加。Popova 和 Kercheva[200]（2004）发现采用 75%～80%灌溉深度需求的灌溉处理（$K<1$）可以节约用水，降低排水量，但不显著影响产量，与该研究的结果一致。当 K 在 0.6 至 0.9 范围变化时，2008—2010 年的节水比例依次约为 35%、30%和 16%，相比 $K=1$ 时的节水比例 30.5%、17.3%和 7.1%有所提高。模拟作物产量影响较小，减产 0.03%到 3.81%，可忽略不计。作物模拟产量的降低有可能是因为玉米灌浆期结束前的水分胁迫产生的，因为在测试例中，玉米灌浆期开始 30 d 之后不再进行灌溉，随着 K 的减小，最后一次灌溉后的土壤含水量可能不足以维持作物直到灌浆期结束的蒸腾需求。另外一个可能的原因是，随着灌溉频率的增加，*TURFAC* 指数低于 1（*TURFAC* 胁迫）的频率增加，由公式（3-2）可知，玉米的 *TURFAC* 计算值仅为 *SWFAC* 值的 2/3，因此，当采用 *SWFAC* 作为水分胁迫指标进行灌溉决策时，灌溉触发次数越多，代表 *TURFAC* 指数小于 1 的次数越多，因此对作物叶细胞的扩展影响就越大，从而影响作物产量。该测试例中与前期测试采用相同的水分胁迫指数，在后期研究中，也可以采用 *TURFAC*，即当潜在根系吸水量（*PWU*）降低到潜在蒸腾量（T_p^{SW}）的 1.5 倍时触发灌溉。

表 4.5　Colorado 试验田 2008—2010 年基于水分胁迫的不同 *K* 值灌溉方案模拟结果对比

基于 WS 的灌溉方案	SWS_o (cm)	SWS_e (cm)	P (cm)	I/n (cm)/次	E_a (cm)	T_a (cm)	ET_a (cm)	D_s (cm)	T_p^{SW} (cm)	$TPWU$ (cm)	$\overline{SWS}$ (cm)	产量 Y (kg·ha^{-1})	ΔI (%)	减产比例 (%)
2008_*K*=1.0	32.6	25.8	25.9	31.9/7	19.8	44.3	64.1	0.5	49.4	592.6	32.3	10 325	30.5	0.06
2008_*K*=0.9		25.8		28.7/7	18.6	42.3	60.9	0.5	49.3	443.3	31.4	10 280	37.5	0.49
2008_*K*=0.8		25.8		29.1/8	18.8	42.5	61.3	0.5	49.4	441.4	31.4	10 287	36.6	0.43
2008_*K*=0.7		25.8		30.5/9	19.3	43.5	62.7	0.5	49.4	508.4	31.7	10 316	33.6	0.15
2008_*K*=0.6		25.8		29.5/10	18.8	42.9	61.7	0.5	49.4	456.5	31.5	10 324	35.7	0.07
2009_*K*=1.0	34.1	27.7	24.4	34.5/5	21.9	42.8	64.8	0.5	42.9	613.6	33.0	10 355	17.3	0.04
2009_*K*=0.9		25.9		29.7/5	19.7	42.1	61.8	0.5	42.9	452.7	31.9	10 340	28.8	0.18
2009_*K*=0.8		25.8		29.1/6	19.7	41.5	61.2	0.5	42.9	431.8	31.7	10 356	30.2	0.03
2009_*K*=0.7		25.7		27.0/6	19.1	40.1	59.2	0.5	42.8	366.2	31.3	9 964	35.3	3.81
2009_*K*=0.6		25.8		30.0/8	20.1	42.0	62.1	0.5	42.9	366.3	31.5	10 353	28.1	0.06
2010_*K*=1.0	34.9	26.1	22.2	34.0/6	22.2	42.3	64.5	0.5	48.8	426.4	33.0	8 713	7.1	0.13
2010_*K*=0.9		26.1		32.4/6	21.8	41.2	63.0	0.5	48.8	398.6	32.7	8 706	11.5	0.21
2010_*K*=0.8		26.0		31.8/7	21.5	40.9	62.4	0.5	48.9	364.4	32.5	8 688	13.1	0.41
2010_*K*=0.7		26.0		31.1/7	21.0	40.7	61.7	0.5	48.9	335.9	32.3	8 695	15.0	0.33
2010_*K*=0.6		26.0		27.6/8	20.0	38.3	58.3	0.5	48.8	291.8	32.0	8 636	24.6	1.01

注：K=1.0～0.6 表示基于水分胁迫的不同灌溉水平处理方案；减产比例是以基于 ET-WB 方法的田间灌溉方案下的产量为基础进行计算的。

表 4.5 中结果显示，在 $K<1$ 的灌溉处理中，从种植到收获期间的潜在蒸腾量 T_p^{SW} 基本保持不变，说明作物的蒸腾需水量得到了满足，但土壤储水量平均值有所降低，说明当 K 减小时确实降低了土壤的平均含水率，因此，实际蒸散量 ET_a 减小，在 2008 年和 2010 年中，相比 $K=1$ 的灌溉方案，增加的节水量正是由减小的蒸散量提供的。而在 2009 年中，除了蒸散量的降低外，最终土壤含水量的降低也同时促进了节水。$K<1$ 的测试结果说明，通过降低单次灌水量，同时增加灌水频率，可以进一步减小蒸散量，并促进土壤储水的更有效利用，从而降低灌水量。另外，当单次灌水量减小时，实际上增大了土壤的储水潜力，当较大的降雨发生时，更有可能储存更多的水分到土壤中，同时也更可能减小灌浆期结束时的土壤储水量（例如 2009 年测试结果），因此能更加有效地利用土壤水，减少灌溉水。一些基于 ET 的灌溉研究[197,201]表明，当灌水总量相同，灌溉频率不同时，灌溉频率大的方案可以提高作物产量，或许正是因为灌溉频率大的方案更能有效利用土壤水并更有机会消除作物水分胁迫的缘故。

4.3　新疆策勒绿洲试验田性能测试

在采用中国新疆策勒绿洲试验田的测试中，种植作物为棉花。策勒试验田地处温带大陆荒漠气候区，位于新疆和田地区塔克拉玛干沙漠南缘（36°59′N，80°48′E），气候极端干旱，少雨，昼夜温差大，但阳光充足，也有很长的无霜期（210 d），有利于农作物的生长。策勒县长期平均温度为 11.9 ℃，试验地主要土壤类型为沙壤土[202]（USDA 分类），灌溉水为策勒河流水或地下水[203]，采用漫灌方式。试验地气象站的长期（1960—2007 年）平均降雨量为 37 $mm \cdot y^{-1}$，而蒸发量高达 2 700 $mm \cdot y^{-1}$ 以上，因此，农业作为该地区的主要经济来源，高度依赖于灌溉。试验地棉花种植密度为每平方米 23 至 45 株，最大作物高度约为 75 cm，最大根系深度约为 100 cm，地下水位深度超过 15 m，因此地下水对灌溉土层含水量影响忽略不计[204]。种植作物为策勒 1 号（2006—2011 年）和新陆 21 号（2012—2013 年），田间试验的灌溉决策方式主要是基于经验的方法，灌溉时间和对应灌水量以及田间试验管理详见 Liu[96] 等（2017），田间试验数据由该试验地管理团队提供。采用 RZWQM2 模型对 2006—2013 年的田间试验进行率定和验证，其中，产量和不同分层的土壤含水量校验结果如表 4.6 所示，校验后采用的土壤成分数据见表 4.7。以相关文献[189,205,206]率定效果作为参考，该模型率定效果较好，校验过程及具体参数见 Liu 等[96]（2017）。

表 4.6　策勒绿洲试验田 RZWQM2 模型校验效果

		统计指标			
		PBIAS	R^2	*NSE*	*RMSE/RRMSE*
土壤含水量（不同层）	率定	<±15%	0.378～0.615	0.314～0.557	0.023～0.033/—
	验证	<±10%	0.500～0.636	0.130～0.448	0.022～0.026/—
产量	率定	−0.086 9	0.93	0.71	499.7 kg·ha^{-1}/12.3%
	验证	0.027 1	0.75	0.78	358.3 kg·ha^{-1}/12.4%

注：*PBIAS* 为百分比偏差，R^2 为决定系数，*NSE* 为 Nash-Sutcliffe 模型效率系数，*RMSE* 为均方根误差，*RRMSE* 为相对均方根误差，其计算公式参见 Liu 等[96]（2017）。

表 4.7　策勒试验田土壤分层参数

土壤层深度（cm）	容重（g·cm^{-3}）	饱和含水率（cm^3·cm^{-3}）	田持含水率（cm^3·cm^{-3}）	凋萎点含水率（cm^3·cm^{-3}）
0～15	1.40	0.300	0.122	0.038 7
15～30	1.45	0.353	0.161	0.055 8
30～60	1.45	0.323	0.167	0.064 3
60～90	1.48	0.403	0.188	0.060 8
90～120	1.43	0.403	0.188	0.057 7

注：饱和含水率、田持含水率和凋萎点含水率指水吸力 0 kPa、33 kPa 和 1.5 MPa 时土壤含水量。

策勒绿洲试验田测试过程中采用 *TURFAC* 指标，水分胁迫阈值设置为 1.0，触发灌溉时增加灌溉至土壤田持，由于种植季中几乎没有降雨，因此计算灌水量时不再减去预测降雨量。由于模型中在棉花生育阶段“90%棉铃开裂”（90% Open Boll）后对水分响应不明显，因此设置当模拟到该阶段后，不再增加灌溉。另外，在田间试验中，每年播种前均进行了一次 15 cm 的灌溉，为了保证种子顺利出苗，且播种前期不能采用所提水分胁迫方法进行决策，因此保留播种前的所有灌溉。由于采用漫灌，单次最小灌水量设置为 5 cm。基于水分胁迫的灌溉处理与田间处理下模拟结果对比如表 4.8，两种灌溉方案下水分胁迫的响应绘制于图 4.4 中。软件测试界面与图 3.4 类似并可获得连续的多年灌溉决策结果。其中，灌溉水利用效率 *IWUE* 由公式（4-4）计算[122]。

$$IWUE = \frac{Y - Y_0}{I_w} \tag{4-4}$$

式中：

$IWUE$——灌溉水利用效率（kg · ha^{-1} · cm^{-1}）；

Y——灌溉管理条件下的作物产量（kg · ha^{-1}）；

Y_0——雨养条件下的作物产量（kg · ha^{-1}）；

I_w——灌水量（cm）。

表 4.8　策勒试验田田间处理与基于水分胁迫的灌溉处理下模拟结果对比

年份	田间灌溉处理				基于水分胁迫的灌溉处理			
	灌溉次数	灌水量（cm）	产量（kg · ha^{-1}）	$IWUE$（kg · ha^{-1} · cm^{-1}）	灌溉次数	灌水量/ΔI（cm/%）	产量/ΔY（kg · ha^{-1}/%）	$IWUE$/$\Delta IWUE$（kg · ha^{-1} · cm^{-1}/%）
2006	7	87	3 179	34.1	9	74.4 / 14.5	3 184 / 0.2	40.0 / 17.1
2007	6	60	2 427	40.4	8	67.3 /—12.1	3 310 / 36.4	49.1 / 21.7
2008	5	51	2 513	46.3	8	67.8 /—32.9	3 787 / 50.7	53.7 / 15.8
2009	6	75	3 323	44.3	8	66.8 / 11.0	4 489 / 35.1	67.2 / 51.8
2010	6	65	3 963	55.4	6	53.2 / 18.1	3 878 / —0.2	66.0 / 19.2
2011	6	65	2 741	42.2	7	59.9 / 7.8	3 657 / 33.4	61.0 / 44.7
2012	6	65	3 984	57.5	6	52.1 / 19.9	3 983 / 0.0	71.8 / 24.8
2013	5	59	3 799	64.0	7	59.9 / —1.5	3 855 / 1.5	64.0 / 0.0
平均	5.9	65.9	3 241	48.0	7.4	62.7 / 4.9	3 768 / 16.3	59.1 / 23.1

注：ΔI、ΔY 和 $\Delta IWUE$ 分别为采用基于水分胁迫的灌溉方法比原田间灌溉处理节约的灌水量、增加的产量和 $IWUE$。

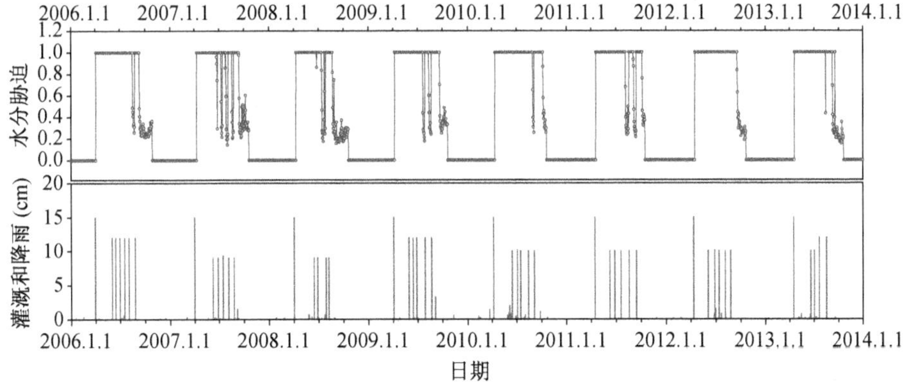

（a）

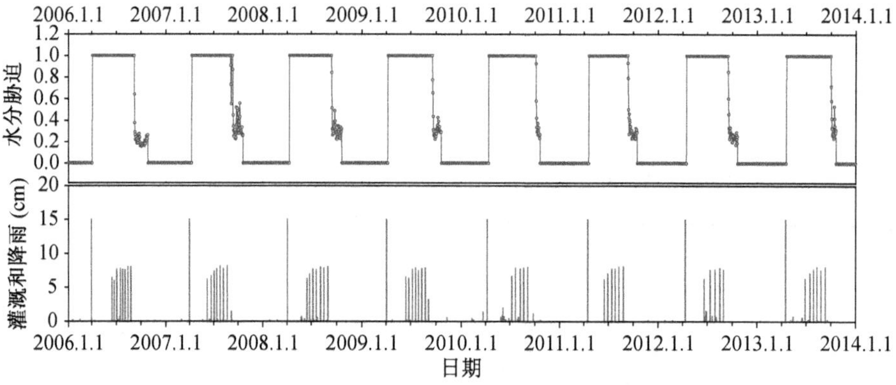

(b)

图 4.4　水分胁迫(*TURFAC* 指数)在(a)田间灌溉处理和(b)基于水分胁迫的灌溉处理下的响应

由表 4.8 和图 4.4 结果可知，总体上，基于水分胁迫的灌溉处理平均灌水 62.7 cm，以获得潜在的最高产量 3 768 kg · ha^{-1}，平均节约用水 4.9%，并提高作物产量 16.3%，提高灌溉用水效率 23.1%。从单独年份来看，2006 年、2010 年和 2012 年，基于水分胁迫的灌溉处理与田间灌溉处理的产量基本持平，但节约用水 14.5%、18.1%和 19.9%；在 2007 和 2008 年，虽然基于水分胁迫的灌溉处理增加了灌水量 12.1%和 32.9%，但产量上也有较大的提高，比田间灌溉方案分别增产 36.4%和 50.7%；在 2009 年和 2011 年，不仅节约用水 11.0%和 7.8%，而且还增加了产量 35.1%和 33.4%；对于 2013 年，在耗水量和产量方面，两种灌溉方案的效果差别不大。将灌水量和产量综合考虑并以灌溉水利用效率进行评价可以发现，对于 2006—2012 年，基于水分胁迫的灌溉方案下 *IWUE* 均明显提高(提高 15.8%～51.8%)，只有 2013 年两种灌溉方案的灌溉水利用效率持平。鉴于基于水分胁迫的灌溉方案在大部分测试年中产量和/或节水量上的优势以及灌溉水利用效率上一致的提高，可以认为基于水分胁迫的灌溉处理相比传统田间处理具有更好的效果，能够在保证产量的基础上尽量节约灌溉用水量。

参见图 4.4，基于水分胁迫的灌溉处理的灌溉频率略高于原田间灌溉处理，达到了平均每年 7.4 次，高出了田间灌溉处理 1.5 次；基于水分胁迫的灌溉处理单次灌水量较小(平均每次 7.48 cm)，并灌至田持，在保证不产生水分胁迫的基础上，尽量减小深层渗漏，相比而言，原田间灌溉处理下单次灌水量较大(≥ 9 cm)，容易造成深层渗漏，形成浪费。表 4.9 给出了两种灌溉处理下水量平衡元素平均值的对比，从中可以看出，基于水分胁迫方法的灌溉方案减小了深层渗漏和土壤蒸发，并增加了作物蒸腾用水。对于产量没有明显变化的 2006 年、2010 年、2012 年和 2013 年，在原田间灌溉处理下，仅在“90%棉铃开裂”阶段附近产生水分胁迫，因此两种灌溉处理下产量变化不大，其模拟结果的差别可能是由土壤水分和氮素含量交互作用引起的。

表 4.9　策勒绿洲试验田 2006—2013 年田间和基于水分胁迫灌溉方案下在种植到“90%棉铃开裂”期间水量平衡元素（平均值）对比

灌溉方案	ΔS (cm)	P (cm)	I (cm)	D_s (cm)	E_a (cm)	T_a (cm)	ET_a (cm)
田间	−9.13	3.34	49.6	9.41	7.4	45.9	53.2
基于水分胁迫	−8.79	3.34	47.7	2.62	6.5	49.9	56.4

注：$\Delta S=SWS_e-SWS_0$，其他参数含义与表 4.5 相同。

表 4.10 给出了在不同灌水比例系数 K（0.6～1.0）情况下各灌溉处理的测试结果，并以 2006—2013 年 8 年的平均值给出。由表可知，当 K 减小时，虽然灌溉次数增多，但节水量和灌溉水利用效率呈现增大的趋势，产量与 $K=1$处理下的结果变化不大。当 K 为 0.7、0.6 时节水量和灌溉水利用效率的增幅较为明显。这一结果与 Colorado 州试验地的测试结果一致，节水量的增大主要是因为当单次灌水量减小（K 减小）时，棉花“90%棉铃开裂”阶段后的土壤含水量降低，从而使灌溉水在作物有效生育期内被充分利用。

表 4.10　策勒绿洲试验田基于水分胁迫的不同 K 值灌溉方案模拟结果（2006—2013 年平均）对比

灌溉处理	灌溉次数	灌水量/ΔI (cm/%)	产量/ΔY (kg·ha^{-1}/%)	$IWUE/\Delta IWUE$ (kg·ha^{-1}·cm^{-1}/%)
田间处理	5.9	65.9 / —	3 241 / —	48.0 / —
WS_K=1	7.4	62.7 / 4.9	3 768 / 16.3	59.1 / 23.1
WS_K=0.9	8.1	63.0 / 4.4	3 788 / 16.9	58.9 / 22.7
WS_K=0.8	8.9	62.3 / 5.5	3 771 / 16.4	59.6 / 24.2
WS_K=0.7	9.4	60.1 / 8.8	3 783 / 16.7	61.9 / 29.0
WS_K=0.6	10.1	60.7 / 7.9	3 776 / 16.5	61.5 / 28.1

在极端干旱地区，如新疆策勒，灌溉水是作物生长用水的最主要来源。在有限水资源的情况下，灌溉管理者需要准确地估计土壤水分状态和作物水分胁迫状态，并在作物产生水分胁迫时灌以合适量的水分，保证作物生长同时避

免水资源浪费。采用提出的基于 RZWQM2 模型水分胁迫的决策方法虽然能有效达到上述目的，但并不考虑需要灌溉时是否有所计算的灌水量供应，在这种情况下，灌溉管理人员可以降低该次灌水量，只要能有效消除水分胁迫，基于水分胁迫的灌溉决策方法应当仍然是有效的，当然，在今后的研究工作中，基于水分胁迫的灌溉决策方法还需要进一步的田间试验验证。

4.4 美国 Mississippi 州试验田性能测试

在采用美国 Mississippi 州试验田的测试中，种植作物为大豆，田间试验中采用基于土壤水分传感器的方法进行灌溉决策，记为 SM 灌溉处理。田间试验数据由田间管理团队提供，参见 Zhang 等[207,208](2016)。用于校准 RZWQM2 模型的田间试验是 2014 年 Mississippi 州 Noxubee 县附近的 Vaiden(VA)土壤上进行的，并采用了三种灌溉处理。该试验地的气象数据由 Noxubee 县的 Macon 气象站提供(http://ext.msstate.edu/anr/drec/stations.cgi)。Noxubee 县气候湿润，年降雨量约为 1 400 mm，在大豆种植期间的降雨量约为379 mm[207,208]。种植大豆品种为组 4，播种密度为每公顷 296 525 粒种子，2014 年 5 月 8 日播种，2014 年 9 月 10 日收获。三种灌溉处理分别为：(1) SM，即当测量的根系土壤水分为 50%总作物可用水量时，灌水至田持；(2) halfSM，灌溉时间与 SM 处理相同，但仅提供 SM 处理的一半用水量；(3) RF，即雨养处理，不进行任何灌溉。不同土壤层的水力参数根据田间试验数据分别进行估计。田间试验及管理的其他信息请参见 Zhang 等[207,208]。采用 Mississippi 试验田数据校准的 RZWQM2 模型模拟的各处理大豆产量数据列于表 4.11。校准后模型模拟的产量、叶面积指数和土壤含水量的相对均方根误差分别为 1.35%、13.43%和 8.86%，模型校准效果较好。

表 4.11 Mississippi 试验田三种田间灌溉处理下大豆模拟及实测产量对比

灌溉处理	灌水量(cm)	实测产量($kg \cdot ha^{-1}$)	模拟产量($kg \cdot ha^{-1}$)
SM	2.54	6 300	6 303
halfSM	1.27	6 130	6 116
RF	0	5 930	5 788

Mississippi 试验田测试过程中采用 *SWFAC* 指标，且水分胁迫阈值设置为 1.0，当模拟到作物成熟后不再增加灌水量，根据公式(3-7)计算的灌水

量过小则以 1.0 cm 灌水量进行。基于水分胁迫的不同 K 值下的灌溉处理与田间灌溉 SM 处理下模拟结果的对比如表 4.12。虽然基于水分胁迫的灌溉方案比 SM 方案消耗的灌水量更大，但平均提高了 291 $kg \cdot ha^{-1}$ 的大豆产量（K 从 0.3 到 1.0），约为 SM 处理下产量的 4.6%，平均耗水增加了 3.43 cm，最小耗水量为 4.79 cm，最大为 8.12 cm。随着系数 K 的减小，灌溉频率增加，总灌水量呈下降趋势。由于 Mississippi 试验地处于湿润地区，灌溉用水量充足，即使使用 $K=1$ 处理，以 8.12 cm 的灌水量获得一个更高的产量也是值得的。与 Colorado 试验地的测试结果类似，建议采用较低的 K 值并基于所提的水分胁迫方法进行灌溉，可以保证作物较高的产量并尽量减少灌溉用水量。

表 4.12　Mississippi 试验田 SM 和基于水分胁迫的灌溉方案模拟结果对比

灌溉方案	I/n (cm)/次	产量 ($kg \cdot ha^{-1}$)	ΔI (%)	增产比例 (%)
SM	2.54/1	6 303	—	—
WS_K=1	8.12/2	6 595	−219.7%	4.63%
WS_K=0.9	7.05/2	6 591	−177.6%	4.57%
WS_K=0.8	5.99/2	6 594	−135.8%	4.62%
WS_K=0.7	5.92/3	6 587	−133.1%	4.51%
WS_K=0.6	5.86/4	6 591	−130.7%	4.57%
WS_K=0.5	4.79/4	6 607	−88.6%	4.82%
WS_K=0.4	5.00/5	6 594	−96.9%	4.62%
WS_K=0.3	5.00/5	6 594	−96.9%	4.62%

4.5　基于水分胁迫的灌溉决策方法的优缺点

由于基于水分胁迫的灌溉决策方法通过触发灌溉消除了作物主要生育期内的水分胁迫，因此作物的产量能得到保证。在以上三个测试例中，作物的产量均得到保证，但有时耗水量也会随之增加。为了使基于水分胁迫的灌溉决策方法有效地执行，首先：(1) 需要有一组目标田地在不同水分亏缺下的作物生长响应数据；(2) RZWQM2 模型需要较好地校准并满足一些统计量的要求，如相对均方根误差小于 30%，百分比偏差在±15%以内等；(3) 在实时灌溉时需要有田间气象数据接口，不管是田间气象站还是网络气象数据接口，以供模型顺利地运行。这些条件限制了所提的基于水分胁迫的灌溉决策方法可以实施的农田区域。除此以外，该方法的限制还体现在：(1) 进行灌溉决策针对的作物需要是 DSSAT-CSM 中定义的作物类型；(2) 该方法所作出的灌溉决策（时间＋灌水量）将田间土壤含水量看作是均匀的，而并不考虑田间实际存在的空间变异性。尽管存在或多或少的限制和不确定性，但以上测试表明，基于 RZWQM2 水分胁迫的灌溉决策方法是一种较为可靠精确的灌溉决策方法，在保持产量的同时能尽量减小水量消耗，决策过程中理论上不需要在田间安装水分传感器，通过开发的决策软件 RZ_IrrSch 可以简单地获取决策结果，此外，通过气象预报数据，这种方法还可以制订未来灌溉计划，为农民提供了准备和调配水资源的时间。

在 Colorado 和 Mississippi 试验田的测试过程中，采用了未来 4 d 的预测降雨数据计算灌水量。由于测试过程中使用的“预测”降雨量为历史记录数据，“预测”数据就准确无误，而在实时灌溉中，预测降雨量与实际情况往往不同。事实上，不管预测的降雨量是否准确，计算的灌水量总是会处于最小灌水量（例如 1 cm）到灌至田持的水量之间，因此，所计算的灌水量还是可以消除当日的水分胁迫，保证作物生长，随着时间的推移，实际产生的降雨量确定下来，模型便可以重新计算，保证一旦产生水分胁迫即进行灌溉。预测气象数据的不确定性的影响在于：若未来 4 d 的降雨量大于预测量，灌溉后土壤储水空间可能容纳不下实际的降雨量，从而发生深层渗漏，严重时产生地表径流，损失了降雨提供的水资源，但至少通过减去预测的降雨量减少了决策当日的灌水量，提高了降雨资源的利用；反之，如果实际降雨量小于预测值，那么可能会使下一次灌溉的时间提前，通过模型计算会自动调整下一次灌溉的时间。预测数据的准确性对实时灌溉的影响也有待进一步田间试验验证。

4.6 本章小结

(1) 以美国 Colorado 州试验田、新疆策勒绿洲试验田和美国 Mississippi 州试验田为测试对象，采用基于水分胁迫的灌溉决策方法对这三处试验田进行了灌溉优化测试。测试结果表明，在基于水分胁迫的灌溉决策方法下，相比原田间灌溉处理，Colorado 州试验田能在保持现有产量的基础上明显降低灌溉用水量，2008—2010 年分别减少用水量 30.5%、17.3%和 7.1%。策勒绿洲试验田能显著提高灌溉水利用效率，在 2006—2013 年，平均减少灌水量 4.9%，增加产量 16.3%，提高灌溉水利用效率 23.1%。Mississippi 试验田可以通过增加少量灌溉获得潜在更大的产量。

（2）当灌溉触发时，通过降低单次灌水量水平（降低 K）可以进一步减少灌溉用水量，提高灌溉水利用效率。在 Colorado 试验田中，当 K 在 0.6 至 0.9 范围变化时，2008—2010 年的平均节水比例依次提高到 35%、30% 和 16%，且产量变化较小。在策勒试验田，当 K 减小至 0.6 时，节水比例提高到了约 8%，灌溉水利用效率提高了约 29%。

（3）通过对 Colorado 州试验田的详细分析发现，基于水分胁迫的灌溉决策方法通过降低土壤含水量减小土壤蒸发和作物生育阶段后期不必要的蒸腾量，同时能增大土壤对降雨等非灌溉水资源的储存空间，减小作物成熟后土壤含水量较高的风险，从而充分利用土壤水，达到节水和提高灌溉水利用效率的效果。同时由于土壤含水量始终保持在作物发生水分胁迫时的土壤含水量之上，作物的需水量能得到满足，从而保证了作物产量。

（4）基于 RZWQM2 水分胁迫的灌溉决策方法尽管在实际应用中存在一些限制因素和不确定因素，如需要实时田间气象数据和率定 RZWQM2 模型，以及田间变异的不确定因素等，但给出了实时灌溉决策新的思路，为理解灌溉决策过程和促进更加有效的灌溉决策方法的形成均具有重要作用。

第五章 基于 RZWQM2 水分胁迫的亏缺灌溉决策方法

第四章中对三个试验地采用基于水分胁迫的灌溉决策方法进行了测试，在测试过程中，均采用水分胁迫阈值（*WST*）为 1.0，即保持作物不产生水分胁迫，从而保证作物产量。许多研究表明，作物具有一定的容忍水分胁迫的能力；在一些水资源匮乏的地区，即使作物产生水分胁迫，也不能及时地获取水资源，或者在有限水资源的情况下（低于作物蒸散量），需要合理分配以获得较高的作物产量和灌溉水利用效率（*IWUE*）。同时，城市和工业用水对水资源的抢夺给农业生产施加了更大的压力[2,4]。亏缺灌溉是应对水资源亏缺和农业生产需求之间矛盾的一种灌溉方式，通过避免作物对缺水敏感的生育阶段的过度水分胁迫，使灌溉水利用效率和作物产量最大化[118,209]。

虽然当前有较多的亏缺灌溉方法，但在作物不同生长阶段降低固定比例的灌水量这种简单的方式仍然是应用较多的。Kirda[209]（2002）综述了在不同生育阶段作物产量影响因子 K_y[210]方面的研究，并采用该因子指示干旱对作物生长的影响程度，并建议在 K_y较低（对产量影响较小）的作物生长阶段进行亏缺灌溉。一些亏缺灌溉实验通过在不同作物生育阶段或整个生育阶段灌以固定比例的作物蒸散量（ET_c）来实现[196,211]。一些文献报道了基于作物参数的亏缺灌溉方法，比如，采用作物冠层温度胁迫指数：最大日树干收缩[212]，胁迫时长和作物水分胁迫指数[213]（*CWSI*）等。Bashir 等[214]（2016）提出了一种采用潜在土壤水分亏缺触发灌溉的亏缺灌溉方法，并在实验中设置了三个亏缺水平。农业模型，因为可以用于模拟田间处理以外的管理措施下作物的响应情况，因此近年来也逐渐被用于亏缺灌溉，其中包括 AquaCrop 模型[41,162,215]和 CROPWAT 模型[157]。然而，目前大部分亏缺灌溉均以充分灌溉处理为参照，在充分灌溉制度下相同的灌溉时间进行亏缺灌溉，但灌水量设置为充分灌溉用水量的某一固定比例，这样的亏缺灌溉可能会使作物产生较大的水分胁迫而严重影响作物产量。即使是采用上述模型进行的灌溉制度优化，也很难在实时亏缺灌溉中应用。

本章将提出一种基于 RZWQM2 水分胁迫的亏缺灌溉决策方法，并测试该方法在不同试验地的有效性，给出相应的亏缺灌溉决策建议。

5.1　亏缺灌溉决策方法

本章所采用的基于 RZWQM2 水分胁迫的亏缺灌溉决策方法与第三章和第四章中的方法类似，即通过水分胁迫触发灌溉，采用公式(3-7)计算灌水量。通过设定不同的水分胁迫阈值(WST)改变灌溉时间，通过调节公式(3-7)中的灌溉水平系数 K 调节单次灌水量。

为了给出灌溉目标地的 WST 和 K 值的合理范围(对相应作物)，首先需要对不同 WST 和 K 值灌溉处理下作物产量、耗水量和灌溉水利用效率的变化进行测试。仍然采用第三章中开发的 RZ_IrrSch 软件进行测试。测试过程中，在整个作物生育阶段采用相同的 WST，在作物成熟后即使模拟得到水分胁迫也不再增加灌溉。最小灌水量与第四章中设置相同。灌溉水利用效率计算采用公式(4-4)，其中雨养条件下的产量 Y_0 通过校准后的模型去掉所有灌溉处理后模拟得到。测试的 WST 和 K 值变化范围均为 0.3 到 1.0。由公式(3-1)和公式(3-2)可知，$TURFAC$ 相比 $SWFAC$ 具有更大的灵敏度，因此采用 $TURFAC$ 进行亏缺灌溉测试。

5.2　美国 Colorado 州试验田测试

本章测试了 Colorado 试验田 2008 至 2010 年的不同亏缺灌溉处理，其中水分胁迫阈值(WST)变化范围 0.3～1.0，间隔 0.05，灌溉水平系数 K 变化范围 0.3～1.0，间隔 0.1，共组成 120 种灌溉处理方案进行测试，并计算了每种处理下总灌水量、产量和灌溉水利用效率，其中，雨养条件下 2008—2010 年的玉米产量依次为 2 545 $kg \cdot ha^{-1}$，1 891 $kg \cdot ha^{-1}$ 和 2 048 $kg \cdot ha^{-1}$。测试结果的产量和灌溉水利用效率($IWUE$)与灌水量的关系绘制于图 5.1 至图 5.3。

由图 5.1 至图 5.3 可知，采用基于水分胁迫的亏缺灌溉决策方法，在 2008 年、2009 年获得的灌溉处埋和 2010 年的绝大部分灌溉处理均能比原采用 ET-WB 的灌溉处理显著节约用水量。

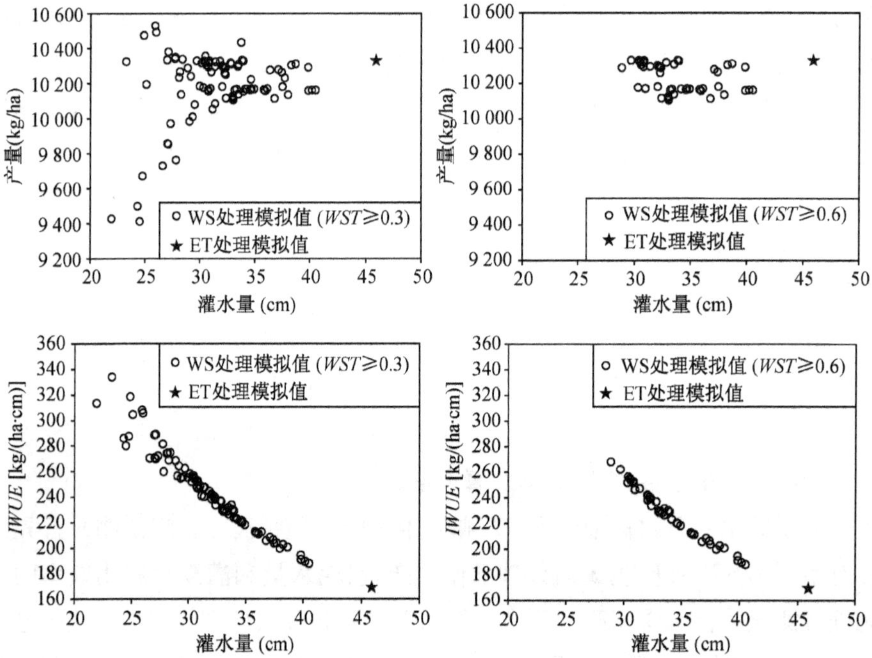

图 5.1 基于水分胁迫的亏缺灌溉处理下 2008 年模拟产量和灌溉水利用效率与灌水量关系

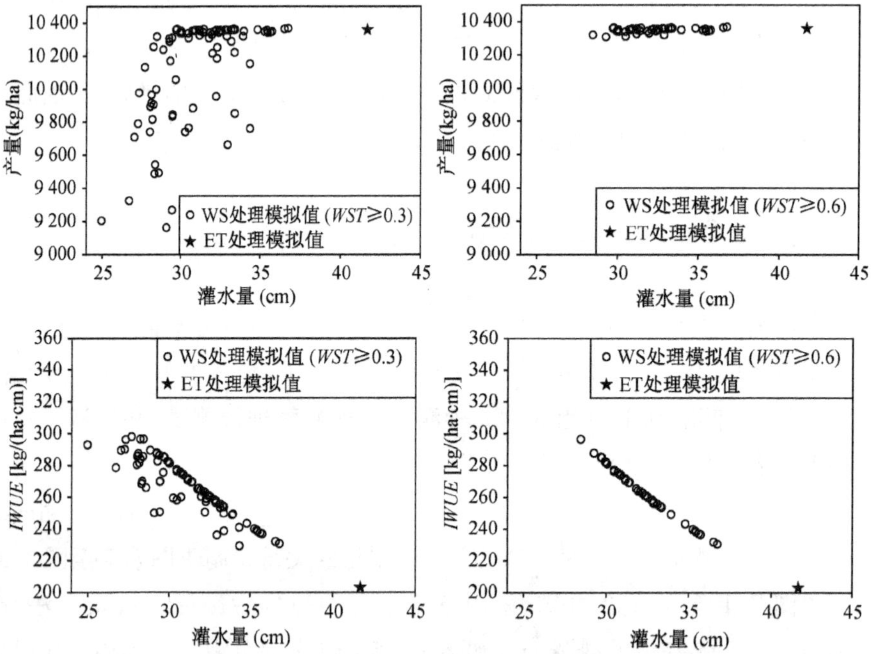

图 5.2 基于水分胁迫的亏缺灌溉处理下 2009 年模拟产量和灌溉水利用效率与灌水量关系

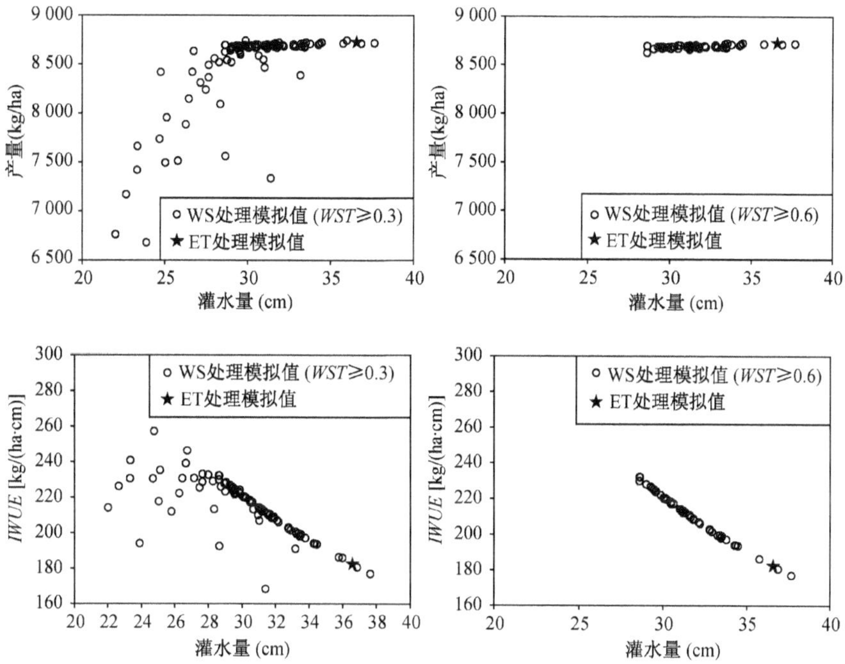

图 5.3　基于水分胁迫的亏缺灌溉处理下 2010 年模拟产量和灌溉水利用效率与灌水量关系

总体上，随着灌溉处理中灌水量的减少，一开始产量的变化并不明显，但随着灌水量的进一步降低，产量总体上迅速降低，且不稳定程度增加。图中，水分胁迫阈值 $WST \geqslant 0.6$ 时灌溉处理下的产量并没有明显的影响，且稳定性较好，在 $K = 0.3 \sim 1.0$ 范围内均能达到原田间处理的产量。对于灌溉水利用效率 *IWUE*，随着灌水量的减少，*IWUE* 呈现上升的趋势，且当 $WST \geqslant 0.6$ 时稳定上升，当灌水量进一步减少时，*IWUE* 变化不稳定，且容易产生较低的 *IWUE*。对于 $WST \geqslant 0.6$ 的灌溉处理，在产量基本保持原田间灌溉下产量的同时，平均节约用水约 25.4%(最小 11.7%，最大 37.1%)，22.7%(最小 11.8%，最大 31.8%)和 12.2%(最小−3.0%，最大 21.8%)。因此，采用基于水分胁迫的亏缺灌溉决策方法时，在测试的 Colorado 州试验田种植玉米时，建议采用 $WST \geqslant 0.6$，以稳定地获得较高的产量，即采用 *TURFAC* 时水分胁迫不低于 0.6，采用 *SWFAC* 时不低于 0.9。但即使采用了 *WST* 小于 0.6 的灌溉处理，产量和灌溉水利用效率变得不稳定，但绝大多数情况下仍然能比原田间 ET-WB 灌溉处理获得更高的水分利用效率。因此，在实际灌溉管理中，采用基于水分胁迫的亏缺灌溉处理能获得一个较高的水分利用效率，若管理者需要获得较高产量，则需要通过类似上述测试找到产量开始下降的转折点(该测试中为 $WST \geqslant 0.6$)。

为更直观地刻画作物产量和水分利用效率随水分胁迫阈值 *WST* 和灌水比例系数 *K* 变化的趋势,采用 MATLAB 绘制了图 5.4 和图 5.5 所示的箱形图。从图中可以看出,当 $WST \geqslant 0.6$ 时,产量较高且稳定,而随着 *WST* 的减小,产量趋于不稳定且平均值减小,与图 5.1 至图 5.3 中的结果一致。随着 *WST* 或 *K* 的减小,*IWUE* 有上升的趋势,然而,不管是在固定 *WST* 时 *IWUE* 随 *K* 的变化还是固定 *K* 时 *IWUE* 随 *WST* 的变化,其波动均较大。当 *WST* 较低时,作物通过降雨避免过度(低于 *WST*)水分胁迫的可能性就越大,因此可以降低灌水量,提高 *IWUE*。对于 2009 年和 2010 年,即使考虑了未来 4 d 的预测降雨量,*WST* 的降低对 *IWUE* 的提高并不明显,因此,总体上看,在采用 RZWQM2 水分胁迫灌溉决策的方法下,*WST* 的变化对节约用水的效果不大,对于该测试地点,$WST \geqslant 0.6$ 时对产量的影响不大。

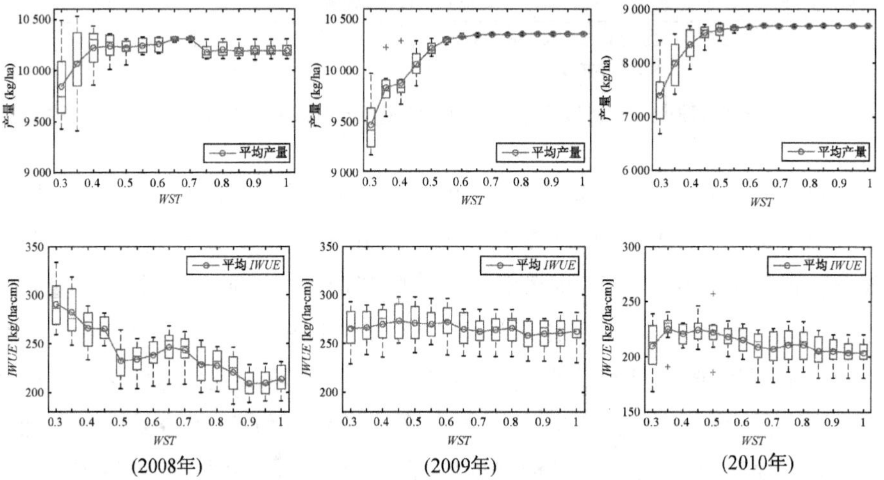

图 5.4 模拟产量和水分利用效率随水分胁迫阈值(*WST*)的变化

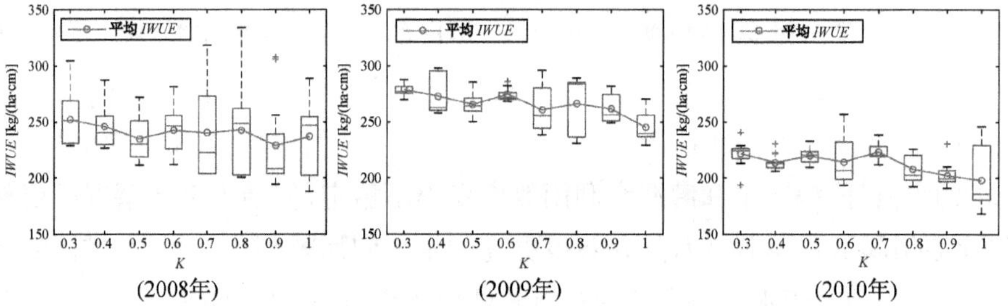

图 5.5 模拟灌溉水利用效率随灌水比例 *K* 的变化

参考图 5.5，从趋势上看，灌溉比例系数 K 的减小或许能够提高 $IWUE$ 并节约用水(参见第 4 章 4.2.2 节)，例如，2008 年当 $WST = 1.0$ 时，$K=1.0$ 和 0.3 的灌溉处理下总水量消耗分别为 39.9 cm 和 33.1 cm，而产量分别为 10 159 $kg \cdot ha^{-1}$和 10 113 $kg \cdot ha^{-1}$，这两种处理下最后一次灌溉均发生在 9 月 20 号，灌水量分别为 9.7 cm($K=1.0$)和 3 cm($K=0.3$)，而灌浆期结束日期为 9 月 26 日，此后的作物产量不再响应土壤水分变化，因此，此时 $K=0.3$ 的灌溉处理降低了灌浆期结束后土壤含水量，达到节水和提高灌溉水利用效率的作用。当 $WST \geqslant 0.6$ 时 K 的变化对产量的影响很小，而当 WST 从 0.6 减小时，K 的变化会引起产量越来越大的波动。即当 WST 较小时，若 K 也较小，单次灌水量很小，土壤含水量一直处于很低的状态，作物产量就会受到较大的影响。

总体而言，对于 Colorado 试验田，当采用基于水分胁迫的亏缺灌溉决策方法时，为了获得较高的产量同时尽量减少用水量，应当使用不小于 0.6 ($TURFAC$)或 0.9($SWFAC$)的水分胁迫阈值保证产量，同时降低单次灌水量，采用较小的灌水比例值 K。当 WST 低于 0.6 时，应当增大灌水比例 K 保证土壤一定的含水量，避免过多的减产。当然，考虑实际情况，为减少灌溉次数，选用较大的 K 值也是必要的。

5.3　新疆策勒绿洲试验田测试

采用策勒试验田 2006—2013 年的率定模型测试了不同亏缺灌溉处理，其中水分胁迫阈值(WST)变化范围 0.3～1.0，间隔 0.1，灌溉水平系数 K 变化范围 0.6～1.0，间隔 0.1，共组成 40 种灌溉处理方案进行测试。由于该测试例中最小单次灌溉水量设置为 5 cm(参考 4.3 节)，当 K 小于 0.6 时，导出的灌溉处理将会按每次 5 cm 的灌水量进行，与 $K=0.6$ 时导出的灌溉处理基本相同，因此只测试了 $K \geqslant 0.6$ 的情况。由于该测试中涉及的年份有 8 年，为简单起见，每种处理下的总灌水量、产量和灌溉水利用效率均采用 8 年的年平均值。由于试验地为极端干旱区，作物生育期降雨稀少，因此，雨养条件下每年的棉花产量模拟值极小甚至为零，作物生长所需水分基本全部依靠灌溉提供。

策勒试验田的测试结果如图 5.6 至图 5.7 所示。图 5.6 中，每个数据点代表了一个灌溉处理下 2006—2013 年的年平均灌水量与年平均产量、年平均灌溉水利用效率的关系，田间处理下的数据点也同时给出作为参考。从整体上看，测试的所有处理中，大部分处理的产量高于田间处理，所有处理下的年均灌溉耗水量均低于田间处理，因此，所有处理的灌溉水利用效率高于田间处理的结果。图 5.6 中还对各个处理进行了划分，分成 $WST \geqslant 0.6$ 和 $WST < 0.6$ 两大类，通过这两类灌溉处理的对比可知，当 $WST \geqslant 0.6$ 时，基于水分胁迫方法的灌溉处理基本能获得最高产量，对应的灌溉水利用效率 *IWUE* 也随着灌水量的减少稳定增加，结合图 5.7(d) *IWUE* 随 K 的变化趋势可知，当 K 减小时，*IWUE* 呈增加趋势，即当 $WST \geqslant 0.6$ 时，选用较小的灌溉比例系数 K 有助于在获得较稳定最高产量的同时，节约更多的灌溉用水，从而提高灌溉水利用效率。当 $WST < 0.6$ 时，产量随着灌溉用水量的减少逐渐减小，灌溉水利用效率相对变得不稳定，结合图 5.7(b)可知，*IWUE* 此时受 K 的影响变大，且随着 *WST* 的减小呈现下降趋势。因此，为节约用水，允许降低部分产量时，可选用较小的水分胁迫阈值，此时，也应当选用较小的 K 值，以进一步提高 *IWUE*。

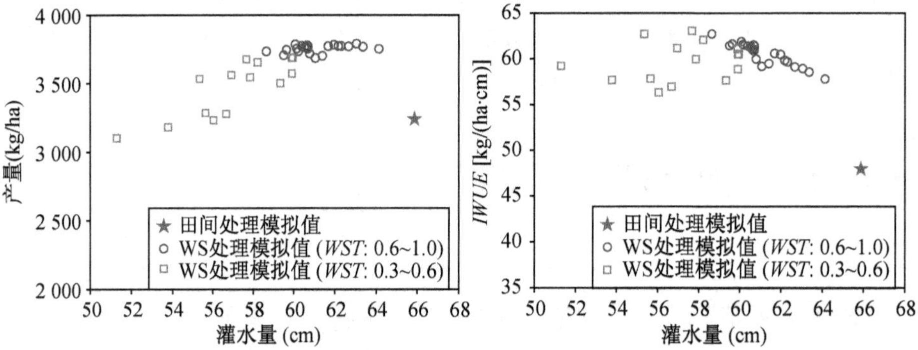

图 5.6　基于 WS 的亏缺灌溉处理下模拟产量和灌溉水利用效率与灌水量关系(策勒试验田 2006—2013 年均值)

图 5.7 给出了产量和 *IWUE* 随 *WST* 和 K 的变化趋势，从中可以更直观地看出，当 $WST \geqslant 0.6$ 时产量的变化并不明显，且 *IWUE* 平均值变化不大，随着 K 的变化，此时的 *IWUE* 变化范围也较稳定。在所有测试的处理中，K 值的变化对产量的影响并不明显，而随着 K 的减小 *IWUE* 呈现增大的趋势，因此，在策勒实验站的灌溉管理中，适宜用较小的 K 值，例如每次灌溉均以 5 cm 的水量进行，从而获得较高的 *IWUE*。

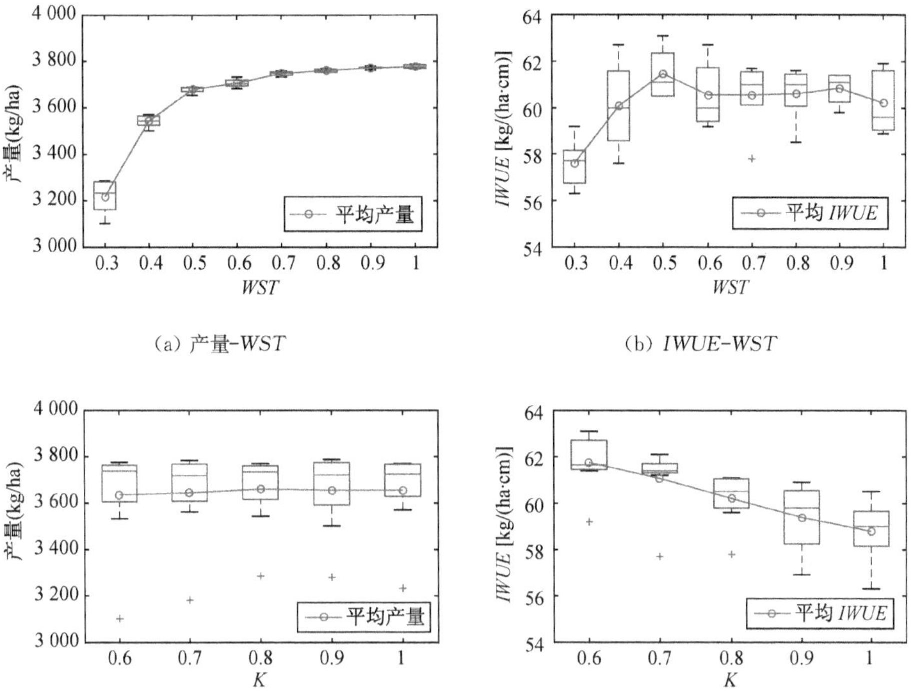

(a) 产量-*WST*　　(b) *IWUE*-*WST*

(c) 产量-*K*　　(d) *IWUE*-*K*

图 5.7　模拟产量和水分利用效率随水分胁迫阈值(*WST*)和灌水比例 *K* 的变化(策勒试验田)

在新疆策勒试验田极端干旱的气候条件下，由于没有雨水的补给，在基于水分胁迫的灌溉处理下，当 *WST* 减小时，在生育期内的水分胁迫发生频率将会很高，因此，*WST* 对产量的影响相对稳定，在某一水分胁迫设定值下，*K* 的变化对产量的影响很小。另一方面，由于减小单次灌水量(减小 *K*)有助于减小作物生育期间的土壤含水量均值，从而减小土壤蒸发和作物生长后期(90%棉铃开裂)的土壤含水量，同时增加土壤的储水空间，增加储存更多雨水的可能性，达到充分利用土壤水的目的(参考 Colorado 试验田测试)，但是在该测试例中，土壤储水基本上依靠灌溉水，因此，减小 *K* 对减小灌水量和提高 *IWUE* 的作用并不明显，测试的灌溉处理中，*IWUE* 也都分布在 55～65 kg/(ha·cm)之间。尽管如此，对于策勒试验田，还是建议采用 *WST* ≥0.6(*TURFAC*)，即 *WST*≥0.9(*SWFAC*)，并采用较小的单次灌水量，例如最小限值 5 cm。

5.4 美国 Mississippi 州试验田测试

在美国 Mississippi 州试验田的亏缺灌溉测试中，水分胁迫阈值(*WST*)变化范围 0.3～1.0，间隔 0.05，灌溉水平系数 *K* 变化范围 0.3～1.0，间隔 0.1，共组成 120 种灌溉处理方案进行测试。与 4.4 节中的测试稍有不同，在亏缺灌溉测试中采用 *TURFAC* 水分胁迫指标，考虑到该试验地多雨的气象条件，测试中灌水量计算减去了未来 4 d 预测降雨量[参见公式(3-7)]，为有效消除灌溉当天的水分胁迫，最小单次灌溉水量设置为 1.5 cm，当模拟到作物成熟阶段后停止灌溉。其测试结果如图 5.8 至图 5.9。

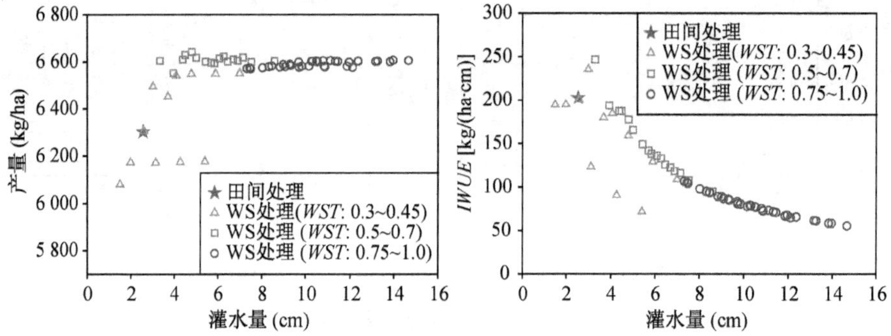

图 5.8 基于 WS 的亏缺灌溉处理下模拟产量和灌溉水利用效率与灌水量关系(Mississippi 试验田)

由图 5.8 可知，在测试的灌溉处理中，大部分处理下的产量均高于田间灌溉处理下的产量，但同时这些处理的用水量相比田间处理(2.54 cm)要高很多。由于 Mississippi 州试验田为湿润地区，在雨养条件下的模拟产量达到了 5 788 kg · ha^{-1}，因此，即使基于水分胁迫的亏缺灌溉处理增加了产量，但灌溉水利用效率却较低。田间处理下的灌溉水利用效率 *IWUE* 达到了 203 kg/(ha · cm)，在绝大多数基于水分胁迫的亏缺灌溉处理下，*IWUE* 在 50～200 kg/(ha · cm)之间。对测试的 *WST* 进行了划分，分成 0.3～0.45，0.5～0.7 和 0.75～1.0 三个区间并展示于图 5.8 中，根据该划分结果，当 $WST \leqslant 0.45$ 时产量有所下降且 *IWUE* 不稳定，容易造成较低的灌溉水利用效率；当 *WST* 在 0.5～0.7 和 0.75～1.0 时，模拟产量均较高且达到了潜在最高产量，但 *WST* 在 0.75～1.0 范围时耗水量较大，造成了较低的 *IWUE*。

结合图 5.9(a),(c)可知,K 的变化对产量的影响很小,而随着 WST 和 K 的减小,$IWUE$ 呈现上升的趋势,当 WST 在 0.5～0.6 范围时,以及 $K<0.5$ 时 $IWUE$ 较高。

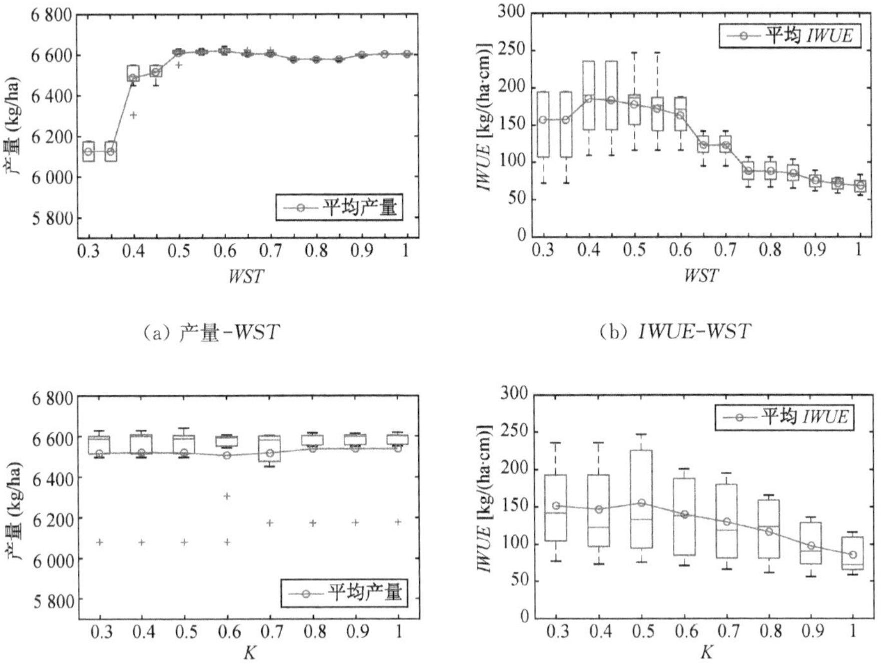

(a) 产量-*WST*　　(b) *IWUE*-*WST*

(c) 产量-*K*　　(d) *IWUE*-*K*

图 5.9　模拟产量和水分利用效率随水分胁迫阈值(*WST*)和灌水比例 *K* 的变化(Mississippi 试验田)

由此可见,为了保证较高的产量和较高的 $IWUE$,选用 WST 在 0.5～0.6($TURFAC$),即 0.75～0.9($SWFAC$),有时为了提高 $IWUE$,甚至可以进一步降低 WST 至 0.4($TURFAC$)。由于该试验田为湿润地区,生育期间作物即使产生水分胁迫也可能很快通过雨水补给而消除,因此,避免在一些轻微的水分胁迫发生时进行灌溉可以有效节约用水提高灌水效率,同时对产量的影响也不大。由于作物生育季中产生的水分胁迫并不多(雨水补给),所以设置较高的 WST 也没有必要,否则将过多地触发灌溉,通过灌溉去消除本来可以通过雨水消除的水分胁迫,降低土壤储存雨水的能力,从而降低 $IWUE$。所以相比前述两个测试例,该测试例中可以选用较低的 WST(如 0.5～0.6)。对于灌溉水平系数 K,该试验地同样应选用较小的值以提高 $IWUE$,但是该测试例中，当 K 小于 0.5 时 $IWUE$ 变化不大，这是因为 K 值较小时，计算到的灌水量较小(还减去了预测降雨量)，因此灌水量按最小设置 1.5 cm 进行。

对于 Mississippi 试验田，虽然通过上述测试可以选用较好的灌溉方案，但由于水资源充足，为保证较高的产量，事实上也会采用适当较大的灌水量，如 $WST = 0.7$，涉及灌溉经济性的问题本章不做讨论。

5.5　本章小结

本章测试了基于 RZWQM2 水分胁迫的亏缺灌溉决策方法在美国 Colorado 州试验田、新疆策勒试验田、美国 Mississippi 试验田的灌溉性能，具体如下：

(1) 综合三个地点的亏缺灌溉测试可以发现，基于水分胁迫的亏缺灌溉决策方法在水分胁迫阈值 WST 和灌溉水平系数 K 设置合理时，产生的灌溉处理能得到较高的产量和较好的灌溉水利用效率 $IWUE$。在干旱和半干旱地区，设置 WST($TURFAC$)低于 0.6 时容易降低产量，而在湿润地区，适当地降低 WST(如采用 $TURFAC$，$WST = 0.5$)不仅仍能保持较高的产量，而且能提高 $IWUE$。

(2) 在三个试验田的测试中，降低灌溉水平系数 K 均能起到节约用水量提高 $IWUE$ 的作用。当单次灌水量较小时，土壤含水量较低，可以减少土壤蒸发和作物生育后期不必要的土壤储水量，同时土壤的储水空间增大，为降雨提供更多的储存空间，从而进一步减小雨水资源的流失，提高土壤水分利用效率，减小灌水量。

(3) 需要指出的是，由于水分胁迫指标比较敏感，特别是采用 $TURFAC$ 时，当某天产生水分胁迫后，若没有水分补给，该指标参数将会迅速下降，从而被认为产生了较严重的水分胁迫并进行灌溉，因此即使设定的阈值有时较小(如 0.3)，该方法也能较好地避免过度的水分胁迫，模拟产量不至于太低，但正因为如此，该亏缺灌溉方法不易导出产量变化较大的不同灌溉处理，为一些实验研究提供跨度较大的数据。这方面或许通过设置允许水分胁迫天数的方法来实现，可以在今后的研究工作中展开。

第六章 基于 RZWQM2 水分胁迫的精确灌溉决策控制系统

6.1 精确灌溉决策控制系统

由于灌溉决策涉及土壤—作物—大气系统的专业领域，需要对该系统相互作用机理有一定的认识，特别是要对作物在不同生育阶段的水分响应有所了解，即使是最简单的基于 ET 和水量平衡的灌溉决策方法，也需要专业性较强的具有一定田间实践经验的管理者来实施。然而，一些灌溉管理者（或学者）能给出较好的灌溉决策或方法，但限于建立精确灌溉控制系统的能力，往往在田间灌溉管理中，需要人为控制灌水量，管理过程费时费力，灌水量精度也较差。一些能实现精确灌溉的灌溉系统，如滴灌系统，平移式或指针式喷灌机等，由于缺乏良好的灌溉决策，容易导致灌溉时间滞后影响作物产量，或灌水量超过土壤蓄水容量形成渗漏而浪费。因此，要进行科学的灌溉管理，需要良好的灌溉决策和精确灌溉控制系统共同作用，鉴于灌溉决策过程涉及较多的计算，将灌溉决策过程通过计算机或控制终端自动计算，并与灌溉控制系统集成，便可大大简化决策过程，有利于农民或非专业的管理者实现依据决策的精确灌溉。本章中将这种能实现灌溉决策计算和精确灌溉控制的系统称为精确灌溉决策控制系统。

本章将给出两个灌溉决策控制系统的开发过程，建立从灌溉决策到精确灌溉的实时智能灌溉新模式。其中，新疆策勒灌溉决策控制系统采用基于 RZWQM2 水分胁迫的灌溉决策方法。针对许多地区没有前期完整的实验数据用于率定模型，所以不能直接展开基于模型方法的灌溉决策的现实问题，本章以江苏句容日光温室樱桃番茄种植为例，给出了一种前期以 ET-WB 方法进行灌溉决策并采集相关数据建立 RZWQM2 模型，继而实现基于 RZWQM2 水分胁迫灌溉决策的自动灌溉系统的范例，从而为我国实现实时灌溉决策与控制集成系统智能化进程提供参考。

6.2 新疆策勒灌溉决策控制系统开发

新疆策勒灌溉试验地与第四章中的策勒绿洲试验田地理位置相同，且采用前述章节使用的 RZWQM2 模型[96]进行灌溉决策。试验田采用传统灌溉方案、基于土壤水分传感器的灌溉方案和基于 RZWQM2 水分胁迫的灌溉方案进行灌溉实验对比，设置了充分和亏缺两个灌溉水平，共 6 种灌溉处理方案，每种灌溉处理设置 4 个重复，组成共 24 块试验小区，并采用完全区组设计确定各试验小区分布，具体实验工作由中国科学院新疆生态与地理研究所展开，在此，仅对采用 RZWQM2 水分胁迫的灌溉决策控制系统开发进行阐述。

6.2.1 灌溉控制系统

图 6.1 为策勒灌溉试验地气象站和灌溉系统实景图。灌溉水为深层地下水，由试验地附近的泵房将地下水输送至灌溉控制室外的储水箱中，进行灌溉时，灌溉控制室内的水泵启动，经过滤器后将水箱内的水输送至田间。田间采用覆膜滴灌。每个灌溉小区的总输水管路上安装一个水表用于监测灌水量，另外还安装有一个电磁阀，通过灌溉控制室内的 PLC 控制器控制电磁阀的启闭时间，从而控制该灌溉小区的灌溉时间和灌水量。灌溉控制系统的详细情况参见文献[150]。小区的灌水速率提前测定。

(a) 气象站

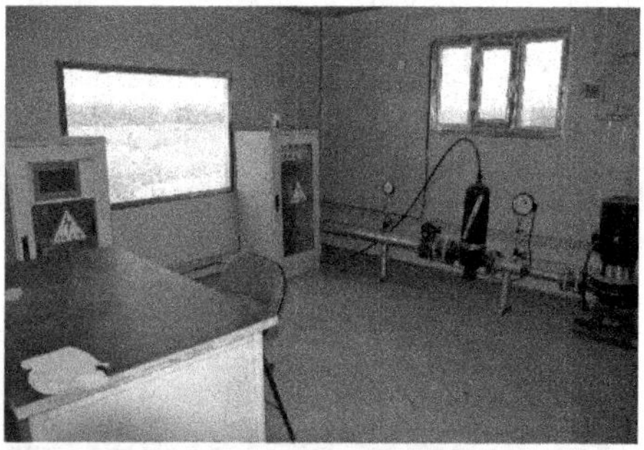

(b) 灌溉控制室(内)

图 6.1 新疆策勒试验地气象站和灌溉系统实景图

6.2.2　灌溉决策系统

在基于 RZWQM2 水分胁迫的灌溉处理中，采用了充分和亏缺两种灌溉水平，在充分灌溉处理下，当模拟水分胁迫（*SWFAC* 指数）下降到 0.9 时触发灌溉，并根据设定比例系数 *K* 给出建议灌水量，用户可以根据需要修改实际的灌水量，亏缺灌溉处理下，灌溉触发时间与充分处理相同，但灌水量为充分处理下的 75%。

该试验地的气象数据由试验地以西约 50 m 处的气象站[图 6.1(a)]提供，采集后的数据将会自动传送到灌溉控制室内[图 6.1(b)]的电脑上，该电脑上同时安装了基于 RZWQM2 水分胁迫的灌溉决策软件。为适应试验地的实际灌溉条件和要求，对第三章中开发的 RZ_IrrSch 软件（图 3.4）进行了修改，修改后的灌溉决策界面如图 6.2 所示。

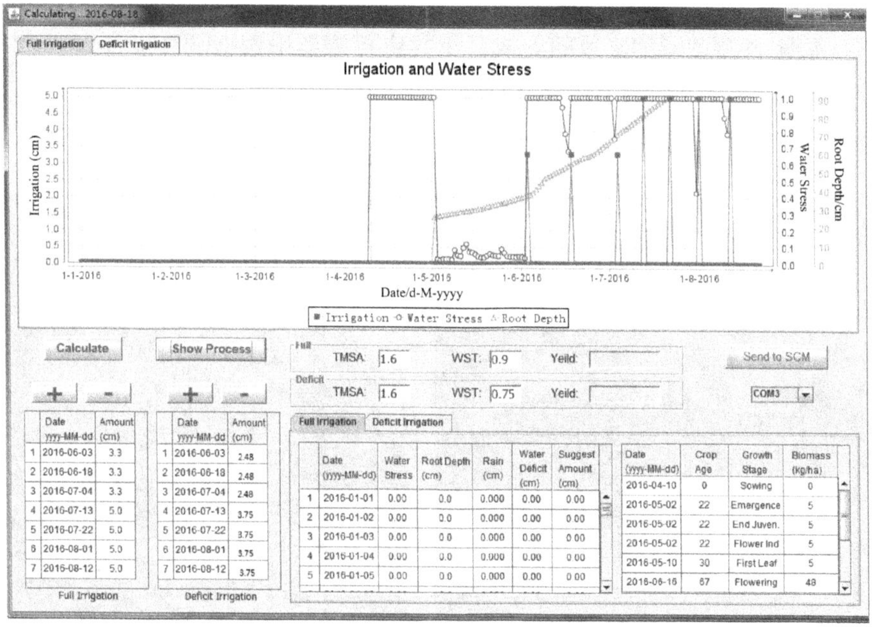

图 6.2　灌溉决策软件计算界面

图 6.2 中，主界面增加了更新气象数据的功能，将田间气象站保存到电脑上的数据转化成历史气象数据，并从网络上下载预报气象数据（参见第三章 3.3 节），更新后的气象数据将自动生成 RZWQM2 模型运行所需的气象文件。进入灌溉决策计算界面后点击“Calculate”运行模型，若水分胁迫低于设

定阈值(0.9)则弹出对话框提示灌溉。灌水量以用户在界面上表格中数据为最终决策数据。点击“Send to SCM”按钮(发送到单片机)软件将会把当日的灌溉数据通过串口发送到单片机。

图 6.3 所示为该单片机系统,通过串口与电脑连接,与单片机连接的还有一块 LCD12864 液晶显示屏,以及两个继电器模块,由单片机 I/O 引脚控制。当无灌溉指令或电脑发送的灌溉指令无效时,单片机系统处于待机状态,并通过显示器显示当前时间,当电脑发送的灌溉指令有效时,单片机系统自动动作,显示充分和亏缺灌溉下的灌水量和预计灌溉时间,同时控制继电器模块动作,继电器常开触点闭合使与继电器相连的灌溉系统中的 PLC 控制器接收到灌溉信号,从而控制对应的充分或亏缺灌溉处理小区的电磁阀动作进行灌溉。当达到预定的灌溉时长后,单片机系统将会自动断开继电器触点,PLC 控制器接收到停止灌溉信号即关闭电磁阀。在该决策系统实施例中,单片机控制器起到了连接灌溉决策结果和灌溉控制器的作用,使灌溉控制器能按照决策结果进行灌溉,实现灌溉和决策的集成。单片机控制器采用 MSP430F149 控制芯片,控制程序采用 C 语言依托 IAR Embedded Workbench 开发平台编写,其程序流程图如图 6.4 所示。

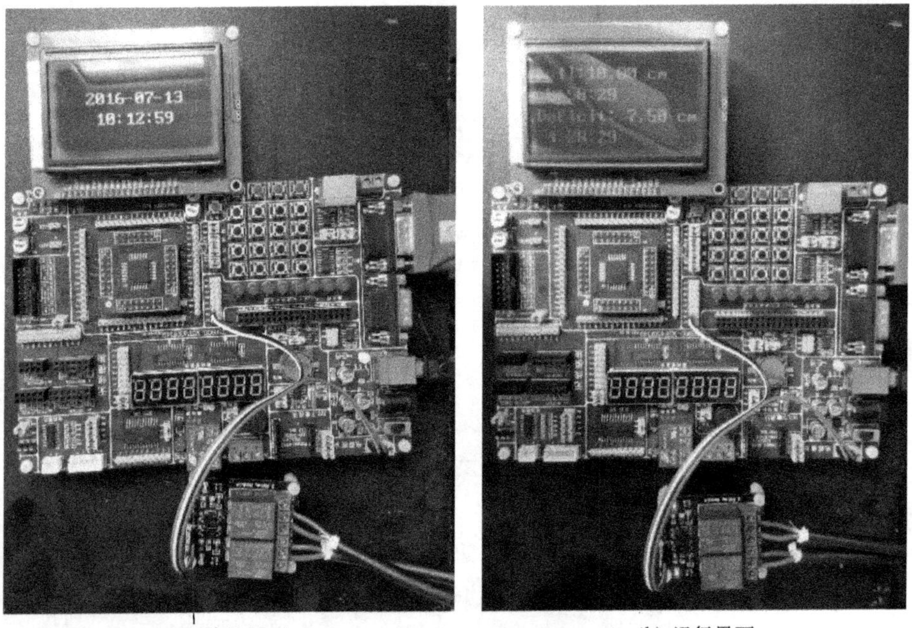

(a) 待机界面　　(b) 运行界面

图 6.3　单片机控制器

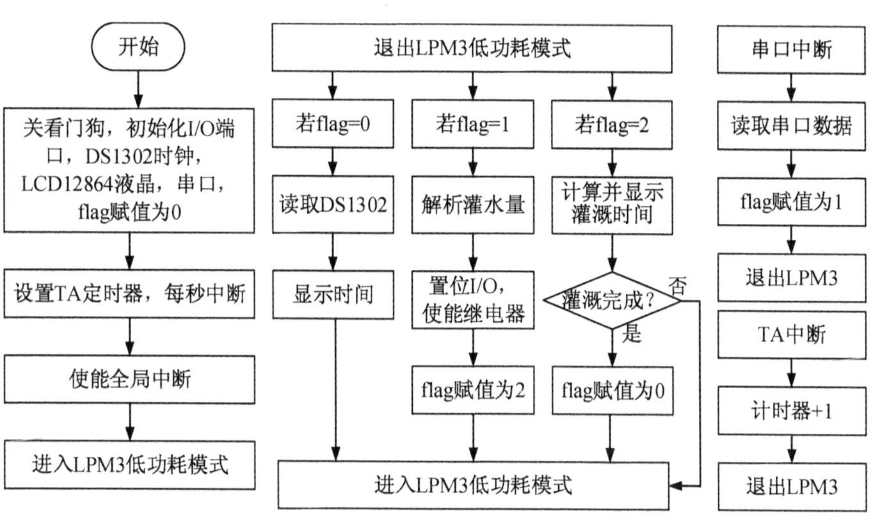

图 6.4　单片机程序流程图

6.3　句容日光温室灌溉决策控制系统开发

由于基于水分胁迫的灌溉决策方法需要良好校准的 RZWQM2 模型作为基础，对于大多数没有前期实验数据的灌溉地区没法直接使用该方法制定灌溉制度，因此，以江苏句容日光温室灌溉试验地为对象，采用基于 ET 和水量平衡的灌溉决策方法开展了灌溉实验，并通过采集田间数据率定 RZWQM2，最终给出实现基于 RZWQM2 水分胁迫灌溉决策的实例[216]。

6.3.1　试验地概况

试验于 2017 年在江苏省句容市天王镇戴庄村有机农业产地的日光温室内进行。试验地地处东经 119.23°E，北纬 31.65°N，海拔 50 m。该试验地属亚热带季风性湿润气候，夏季高温多雨，冬季温和少雨。冬夏干湿差别不大，湿度较大。根据 Weather Underground 气象数据网站统计数据，该地区近 10 年(2007—2016 年)平均降水量为 820 mm，全年大于 10℃有效积温为2 916℃，共 249 d。日光温室长 44.5 m，宽 6.1 m，南北走向，覆盖山东清田塑工有限公司生产的聚乙烯流滴耐老化棚膜，室内没有补温和通风设施。温室顶部采用双层膜结构使大棚既能防雨又保持通风，底部卷起 0.6 m 保持通风，当气温降低至 15℃左右时放下四周棚膜保温。日光温室土壤质地为粉砂质黏壤土或粉砂质黏土(国际制)，土壤质地随深度没有明显变化(表 6.1)，地下水埋深约为 1 m。土壤颗粒由河海大学水文水资源与水利工程科学国家重点实验室测量，土壤容重采用环刀法测定。

表 6.1　句容日光温室土壤测量参数

土层深度(cm)	土壤颗粒组成(%)(国际标准)			土壤容重($g \cdot cm^{-3}$)	饱和含水率($cm^3 \cdot cm^{-3}$)	田间持水率($cm^3 \cdot cm^{-3}$)
	砂质 0.02～2.0 mm	粉砂质 0.002～0.02 mm	黏质 <0.002 mm			
0～5	21.82	53.44	24.74	1.356	0.494 5	0.35
5～10	29.08	51.24	19.69	1.372	0.464 3	0.33
10～20	20.33	50.65	29.02	1.492	0.459 2	0.32
20～30	18.42	52.11	29.47	1.524	0.453 7	0.32
30～40	21.89	57.43	20.69	1.522	0.458 0	0.32

6.3.2　田间试验及参数测量

供试番茄(*Lycopersicon esculentum*)品种为千禧樱桃番茄，属于无限生长型，南北向种植，留 5 穗果后打顶。试验设置两个灌水量水平，分别为 100% ET_c(充分处理)和 80% ET_c(亏缺处理)，灌溉时间根据 100% ET_c 处理的灌溉制度确定，两种处理灌溉时间相同。温室内共 4 条垄，由西向东依次记为 H1～H4，其中 H1、H3 为亏缺灌溉处理(80% ET_c)，H2、H4 为充分灌溉处理(100% ET_c)。平均垄间距 1.33 m，垄宽 0.73 m，平均株间距为 0.64 m。滴灌带紧挨作物根部放置，一条滴灌带用于一垄作物的灌溉。除灌溉外，温室内作物的其他管理根据当地农民的经验确定。在移栽前施猪肥一次，整个种植期间未施肥，未喷药。

番茄于 2017 年 8 月 11 日移栽，缓苗期采用微喷头灌水 3 次，约 35 mm，滴灌一次，约 19 mm，总灌水量 54 mm，缓苗 10 d 后采用滴灌进行上述灌溉处理，灌溉决策过程参见 6.3.3 节。作物结果后定期采摘，约每 10 d 采摘一次，至 12 月 5 日夜间温度低于 0℃，作物死亡，实验结束。整个灌溉实验过程中，测量参数包括温室棚内微气象数据、土壤含水量、株高及叶面积，其测量过程具体如下：

(1) 日光温室棚内的微气象数据通过自动气象站(图 6.5)获取，测量参数包括净辐射、空气温度和湿度。由于日光温室有塑料薄膜遮蔽，降雨量为 0，风速也近似为 0，因此没有测量降雨和风速。净辐射仪采用 Kipp & Zonen 公司的 NR-LITE2，灵敏度为 13.0 μV/(W·m^{-2})，测量高度为 2 m，位于第二垄作物上方；空气温湿度采用瑞士 Rotronic 公司的标准温湿度探头 HygroClip2，型号为 HC2S3，常温下湿度测量精度为±0.8%，温度测量精度为±0.2 ℃，安装高度约 1.5 m。测量参数连接到 Campbell 公司的 CR1000 数据采集终端，终端通过太阳能板和蓄电池联合供电。数据采集终端通过串口与个人电脑相连，通过配套软件“Campbell_LoggerNet”实现数据下载。自动气象站数据测量时间间隔为 1 min，并给出每小时平均值和每日平均值，计算 ET_0 时采用日均数据，当天 ET_0 计算采用 15 个以上的每小时数据平均值计算。

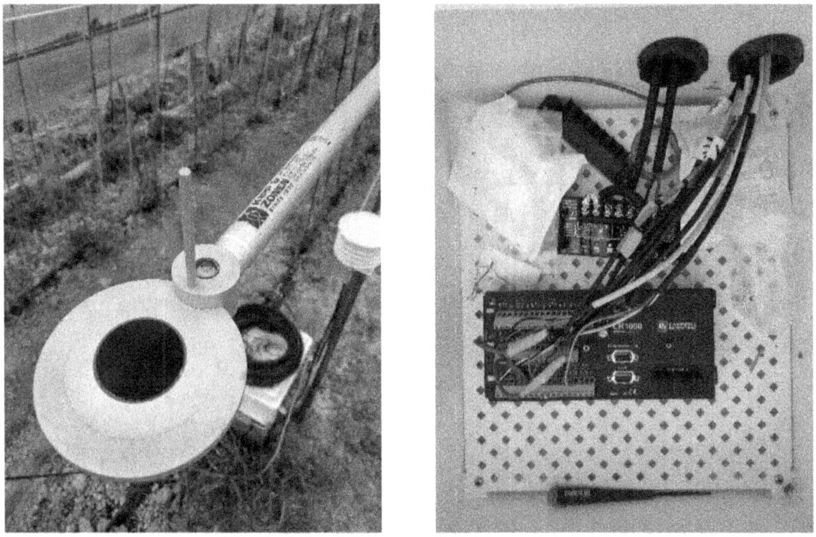

(a) 净辐射仪 NR-LITE2　　(b) 数据记录仪 CR1000

图 6.5　微气象站

(2)土壤含水量测量采用土钻法。平均每周采集一次，必要时灌溉前和灌溉后 2 d 各加测一次，在每垄的首部，10 m、20 m、30 m 以及尾部分别取土测量，取土深度为 5 cm，10 cm，20 cm，30 cm 和 40 cm。土钻取土后采用烘干法[217]测量土壤质量含水量。烘干仪采用电热恒温干燥箱，烘干设定温度为 105℃（±3℃），烘干时间一般为 18 h，烘至恒重；土壤质量测量采用高精度电子秤，量程 0～1 000 g，精度 0.01 g。取土铝盒直径 55 mm，高 35 mm。土钻长度 1 m，钻头直径 38 mm。土钻法测得的土壤质量含水量根据土壤容重换算成体积含水量。土壤容重采用环刀法测量。

(3) 株高和叶面积指数。每隔 5 d 测量株高和叶面积指数，在每垄首部、10 m、20 m、30 m 和尾部各选取 3 株作物测量株高，并各选取一株测量叶面积指数。株高测量时从地面量至最高叶尖。叶面积指数测量时，由于苗期相邻植株枝叶不重叠，相对独立，因此以单株作物叶面积指数计算，后期相邻植株枝叶重叠，叶面积指数按每种处理组合的叶面积指数计算。开花坐果期后，植株分杈，留两个分枝，当地农民依据管理经验将分枝固定在竹竿上，并剪去多余的分枝。相邻植株有叶子重叠时，在上述指定位置选取植株测量叶面积后，计算每垄上植株的总叶面积；测量选定植株在与垄垂直方向上的宽度并取平均值作为该垄作物的平均占地宽度，计算垄上作物覆盖的总面积，并用总叶面积除以总面积计算得该垄的叶面积指数。

叶面积测量时选取该植株上不同大小的代表性叶片若干，测量每个叶片的长宽，然后数整株植株的叶片数。在田间拾取不同大小的叶片展开后放入普通扫描仪获取 1∶1 图像[图 6.6(a)]，然后采用 MATLAB 图像处理技术将扫描图像处理成二值图像[图 6.6(b)]，通过对每个二值图像中叶片的识别，读取叶片的长宽和面积，最后通过线性回归方程拟合获得叶片长宽乘积与面积的关系，见图 6.6(d)，叶片样本数为 1 382，最后得到的回归系数为 0.617 1 (R^2=0.985 1)。采用此系数计算每次测量叶片的面积，取平均后乘上植株叶片数即可获得单株植株的叶面积。

采用 MATLAB 处理扫描图像的具体步骤为：

(1) 将彩色扫描图像[图 6.6(a)]转换为一通道灰度图像。

(2) 分析灰度图像的灰度分布，得到灰度直方图[图 6.6(c)]，根据灰度直方图选取灰度阈值 150 进行分割，进而将灰度图像处理成二值图像。

(3) 对二值图像进行边界标记，得到每个叶子的连通区域，读取每个连通区域 X、Y 轴的像素点作为长宽，以及连通区域中像素点数作为叶片面积。

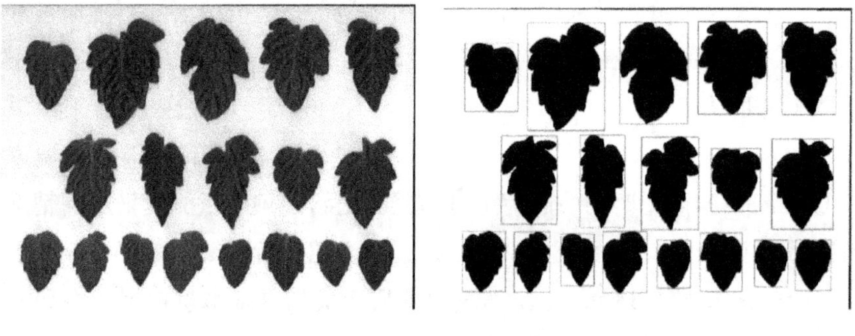

(a) 叶片扫描图像　　　　(b) MATLAB 处理后图像

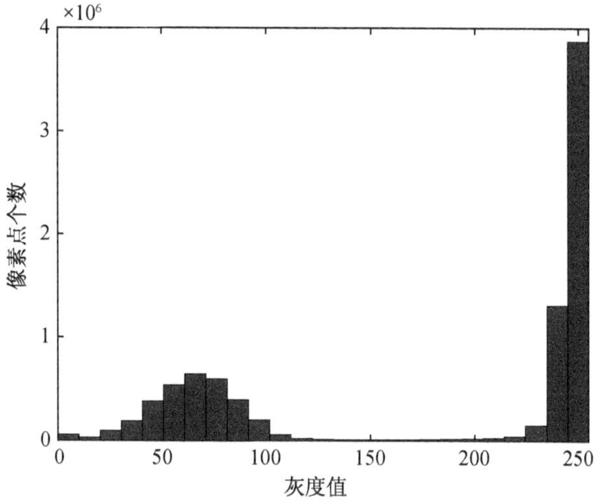

(c) 阈值分割直方图

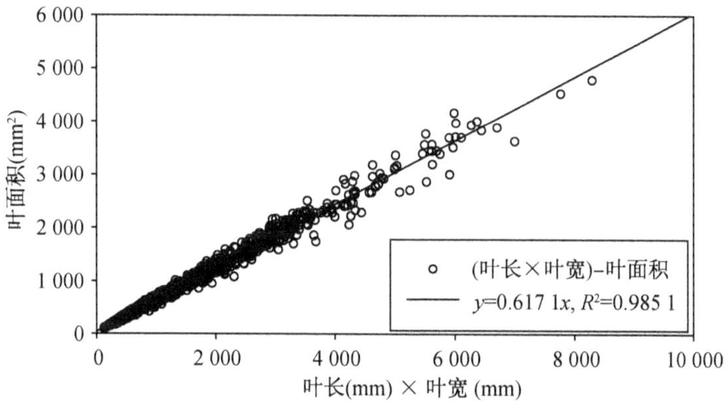

(d) 数据处理结果及回归关系

图 6.6 叶面积与叶片长宽乘积的线性回归

6.3.3 灌溉决策方法及软件

采用基于 ET 和水量平衡的方法进行灌溉决策。充分灌溉处理的灌水时间和灌水量根据 Huffman[29](2013)中总结的基于 ET 的灌溉方案进行决策，即当田间蒸发蒸腾总量大于土壤中可供作物利用水分(RAW)时触发灌溉，灌水量等于自上一次灌溉起蒸散量的总和。亏缺灌溉处理的灌溉时间与充分灌溉相同，但灌水量为充分灌溉的 80%。充分灌溉处理的具体实施细节为：

(1) 根据气象测量参数计算参考蒸散量 ET_0，由于日光温室中风速几乎为零，因此，不适宜采用 FAO 推荐的 Penman-Monteith（PM）公式，而采用 PM 方程在日光温室中的修正公式[218]：

$$ET_0 = \frac{0.408\Delta(R_n - G) + \gamma \frac{1\,713}{T + 273}(e_s - e_a)}{\Delta + 1.64\gamma} \tag{6-1}$$

（2）以天为单位，计算 ET_c，作物系数 K_c 参照 FAO 推荐值并根据作物生长阶段进行设定。将樱桃番茄生长发育划分为 4 个阶段：苗期（8 月 11—31 日）、开花坐果期（9 月 1 日—10 月 9 日）、盛果期（10 月 10 日—11 月 14 日）、盛果后期（11 月 15 日—12 月 5 日）。四个阶段依次对应移栽后天数 21，39，36 和 21 d，其中，盛果后期因霜冻致作物死亡，提前结束。在苗期、盛果期和最后设定的作物参数分别为 0.7，1.05 和 0.8，如图 6.7 所示。

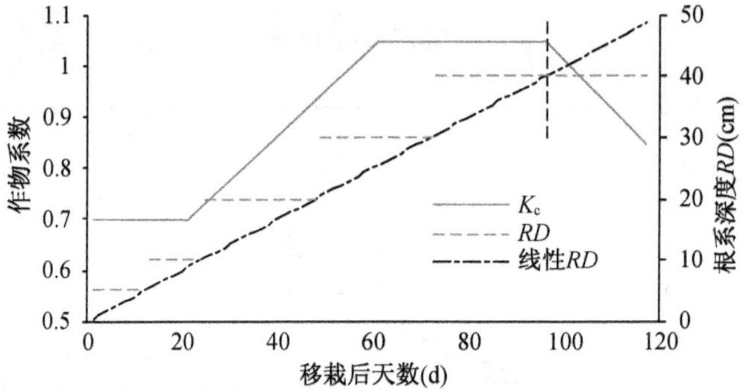

图 6.7　灌溉决策软件中作物系数 K_c 及根系深度 RD 设定值

（3）计算土壤水分亏缺[29]：

$$D_i = D_{i-1} + ET_{c\,i} \tag{6-2}$$

式中：

ET_{ci}——第 i 天作物蒸散量，cm；

D_i——第 i 天的土壤水分亏缺值，cm；种植当天（8 月 11 日）为第一天，默认 $D_0 = 0$。

（4）计算 RAW，单位 cm，即土壤允许水分亏缺值[29]：

$$RAW = MAD \times (\bar{\theta}_{fc} - \bar{\theta}_{wp}) \times RD \tag{6-3}$$

式中：

MAD——允许亏缺比例，根据表 6.2 选取；

$\bar{\theta}_{fc}$——田持土壤含水量，取根系深度土壤田持含水率的加权平均值；

$\bar{\theta}_{wp}$——凋萎点土壤含水量，取根系深度土壤凋萎点含水率的加权平均值；

RD——计划湿润层深度，cm，根据作物生长阶段和作物株高估计根系深度，设置为 5 cm、10 cm、20 cm、30 cm 和 40 cm 共 5 个档次。

(5) 比较 RAW 和 D_i，当 $D_i > RAW$ 时，触发灌溉，灌水量为 D_i。

(6) 若第 i 天进行了灌溉，令 $D_i = D_{i-1} = 0$，否则令 $D_{i-1} = D_i$，以 d 为单位，重复上述步骤，直至作物收获。

表 6.2　*MAD* 随最大日蒸散量变化的建议值

	最大日蒸散量 (mm/d)								
	2	3	4	5	6	7	8	9	10
MAD	0.68	0.58	0.48	0.4	0.35	0.33	0.28	0.25	0.23

采用 Java 语言开发了基于 ET 的实时灌溉决策软件 ETSch，采用项目式管理结构，可实现多个地点的实时灌溉决策管理。软件运行前，需要下载最新的气象数据。软件运行时，读取上一次保存的结果数据，更新最近一次的 ET_0，并按照上述灌溉决策方法逐日进行计算，直至当前日。计算结果以图表形式展现，如图 6.8 所示，在该界面中，根据用户需要，可以修改 ET_0 数据（主要是数据缺失时）、灌溉数据、MAD、RD、田持含水率和凋萎点含水率。表格参数修改后将自动重新计算并更新灌溉计划示意图。软件界面表格中，K_c、ET_c、D_i 和 RAW 不可改，其中 K_c 值根据软件中设定的 K_c 曲线（图 6.7）自动获取，ET_c、D_i 和 RAW 均采用上述公式计算获得。

在计算当天的 ET_0 时，由于日数据不完整，采用 CR1000 记录的小时数据进行估算，并在下一次计算时采用日数据更新。在计算 RAW 时，计算参数采用已保存的值，若灌溉决策当天还未有保存值，则给出估计的计算参数值，其中，MAD 根据前 10 d 的最大蒸散量查表 6.2 获得，每 10 d 更新一次，通过假设根系生长速度为线性且在盛果期结束时根系生长达到最大深度，设置当前根系深度 RD 为不小于假设根系深度的最小档位，如图 6.7 所示。$\bar{\theta}_{fc}$、$\bar{\theta}_{wp}$ 取 RD 深度内的加权平均值，每一层的田持和凋萎点参数可在软件参数界面中进行设置。计算后的土壤水分亏缺 D_i 将自动与 RAW 比较并提示用户当日是否需要灌溉，若灌溉，则可在软件上选择相应串口端口号，将灌溉指令发送给相应控制器。软件计算后数据可保存到对应的项目文件中，以备下一次计算。

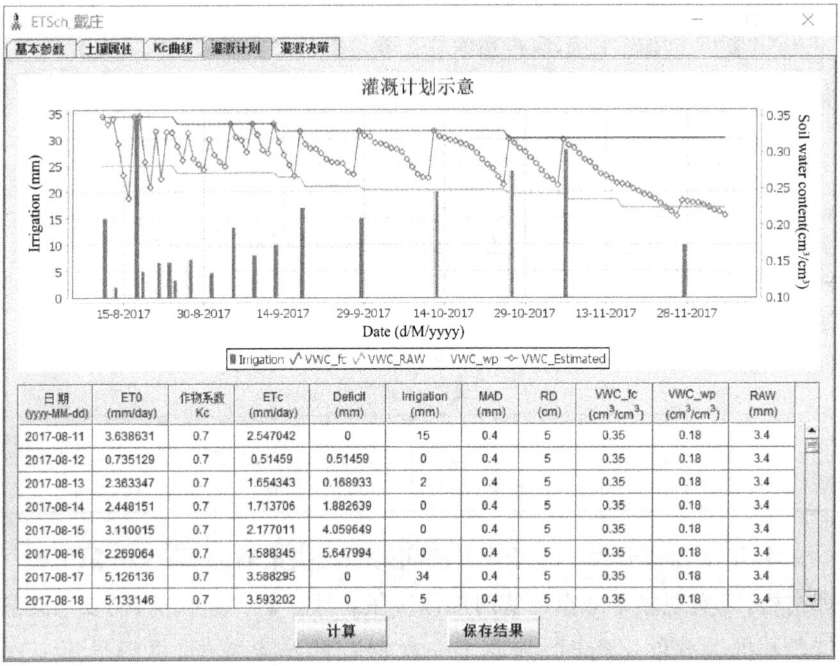

日期 (yyyy-MM-dd)	ET0 (mm/day)	作物系数 Kc	ETc (mm/day)	Deficit (mm)	Irrigation (mm)	MAD (mm)	RD (cm)	VWC_fc (cm³/cm³)	VWC_wp (cm³/cm³)	RAW (mm)
2017-08-11	3.638631	0.7	2.547042	0	15	0.4	5	0.35	0.18	3.4
2017-08-12	0.735129	0.7	0.51459	0.51459	0	0.4	5	0.35	0.18	3.4
2017-08-13	2.363347	0.7	1.654343	0.168933	2	0.4	5	0.35	0.18	3.4
2017-08-14	2.448151	0.7	1.713706	1.882639	0	0.4	5	0.35	0.18	3.4
2017-08-15	3.110015	0.7	2.177011	4.059649	0	0.4	5	0.35	0.18	3.4
2017-08-16	2.269064	0.7	1.588345	5.647994	0	0.4	5	0.35	0.18	3.4
2017-08-17	5.126136	0.7	3.588295	0	34	0.4	5	0.35	0.18	3.4
2017-08-18	5.133146	0.7	3.593202	0	5	0.4	5	0.35	0.18	3.4

图 6.8　灌溉决策软件 ETSch 灌溉计划界面

ETSch 软件中还可以设置项目描述，试验地位置信息，选择日、小时气象数据文件，种植和收获日期等。在首次进行该作物的灌溉试验时，根据实际情况对 K_c 曲线和根系深度进行了适时的调整。出于田间管理的需要，如为了方便在垄上插竹竿以防止作物倒伏，需要增加灌水使土壤松软，此时在软件的灌溉计划界面表格中直接修改对应日期的灌水量，软件将以实际灌溉量进行计算。

6.3.4　灌溉决策控制系统

本章采用的灌溉决策及控制系统框架如图 6.9 所示。温室内微气象站采集冠层净辐射和温室内温湿度数据并储存于数据采集器中，通过个人电脑获取数据采集器的数据并通过开发的 ETSch 软件进行计算后给出灌溉决策到田间滴灌控制器，最终由滴灌控制器对田间滴灌系统进行控制，实现精准的灌水量自动控制。试验中，个人电脑与数据采集器、滴灌控制器均采用 RS232 串口实现数据通信。为便于田间灌溉管理，滴灌控制器还增加了手动键盘输入功能。

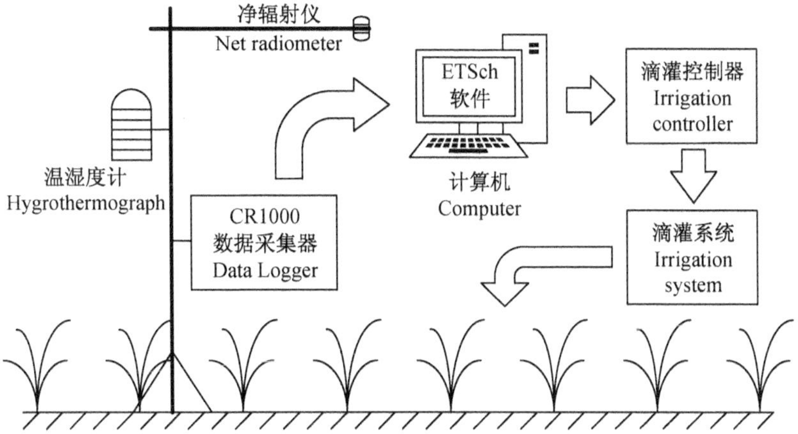

图 6.9　灌溉决策及控制系统框架

如图 6.10 所示为温室滴灌系统示意图与实景图。该滴灌系统中，潜水泵从位于温室南部的河塘中取水，水流通过钢丝管和 UPVC 管输送到主管路，依次流经手动球阀、过滤器、流量计、压力表后到达电磁阀，通过控制柜控制电磁阀的开闭即可实现温室内各垄的不同灌溉处理。相同的处理行采用同一个流量计测量总灌水量。潜水泵额定功率 550 W，额定流量 6 m^3/h，额定扬程 9 m；主管路管径 40 mm；过滤器采用筛孔尺寸为 0.125 mm 的 Y 形叠片式过滤器；流量计量程范围为 0.4～8 m^3/h，可显示当前流量和总水量，并可输出当

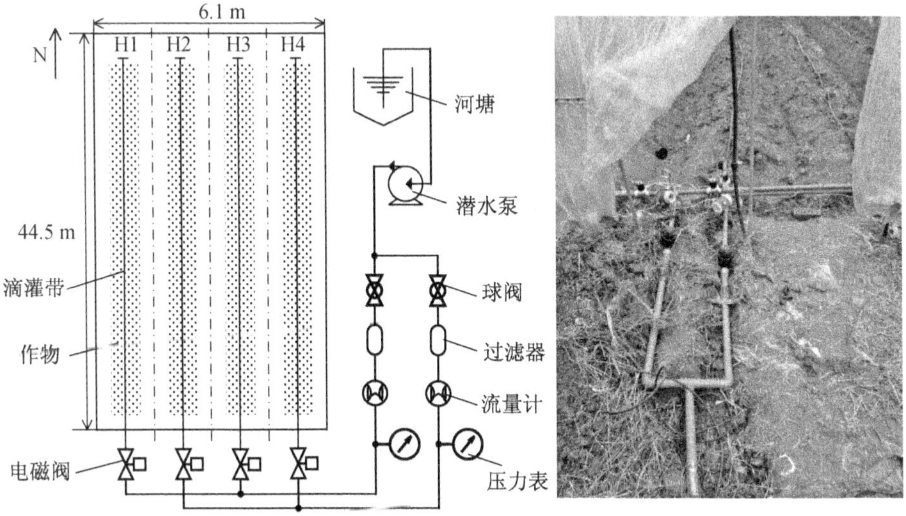

图 6.10　日光温室滴灌系统布置示意图、实景图

前流量对应的 4～20 mA 电流信号供外部设备读取。压力表量程为100 kPa；电磁阀采用常闭式，由控制柜根据灌水量要求控制相应电磁阀的动作。选用 0.1 MPa 下标称流量为 3 L/h 的滴灌带（广州顺绿喷灌设备有限公司），滴灌带管径 16 mm，壁厚 0.3 mm，孔间距 15 cm。滴灌系统工作时，压力表读数约为 26 kPa，流量计读数约为 0.75 m^3/h。

图 6.11 为用于进行电磁阀控制的控制柜面板及内部线路图。控制柜设置有手动和自动灌溉控制功能，通过拨动开关选择灌溉模式。手动控制时，通过面板上 4 个拨动开关分别控制 H1～H4 的电磁阀动作，相应的电磁阀开启指示灯亮；自动控制时，控制柜面板上对应的拨动开关失效，转而由控制柜内部的单片机控制器（图 6.12）进行控制。

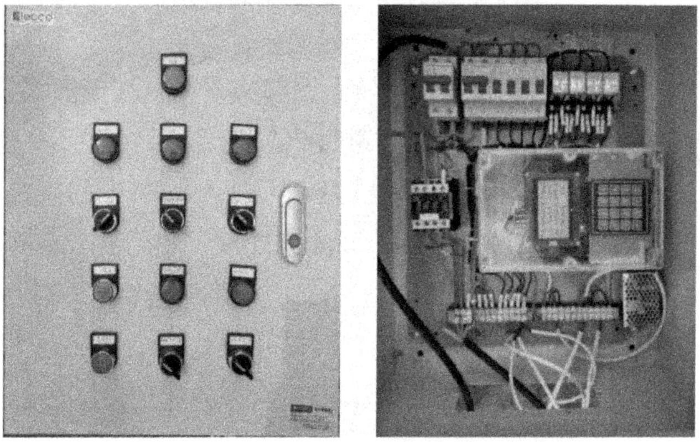

图 6.11　控制柜面板及内部线路

(a) 灌溉进行中　　(b) 灌溉结束

图 6.12　单片机控制器界面

自动灌溉模式下，用户首先通过单片机控制器输入充分灌溉处理下的灌水深度，确认后该控制器将自动开启电磁阀进行灌溉，同时单片机控制器通过读取流量计读数并进行积分计算总灌水量，当相应的灌溉处理的总灌水量达到设定灌水量时，单片机系统控制对应的电磁阀关闭，并记下总灌水时间，当两个灌溉处理均完成灌溉后，用户即可切断电源，关闭灌溉系统。图 6.12 中显示的分别是灌溉进行中和结束后的控制器界面，该界面显示参数包括设定灌水量、实际灌水量、当前流量和灌溉时间，灌溉结束后，界面显示最终灌水量和灌溉时间，并关闭电磁阀。单片机控制系统硬件电路图及 PCB 板如图 6.13 所示。灌水量的输入可以由控制器界面的键盘输入，也可以使用电脑通过串口向控制器发送灌水量指令，此时与新疆策勒灌溉决策系统中的单片机系统相似。

单片机控制器中，将输入的灌水深度转换成灌水量时，按垄长 44 m 垄宽 0.6 m 计算，即 1 cm 灌溉深度对应一垄的灌水量为 0.264 m^3。单片机芯片采用 MSP430F169，控制电磁阀动作时首先通过芯片引脚控制四路继电器（继电器模块与图 6.3 中的继电器模块类似，放置于图 6.12 的盒体内），四路继电器再分别控制电磁阀动作。流量计的输出信号首先通过 2 个并联的 250 欧（0.1%精度）电阻转化为 0.5～2.5 V 电压，然后由单片机自带的模数转化器（A/D）采样，实现读取当前流量的功能。单片机读取流量后以 1 s 为时间间隔进行积分运算得到单次灌溉的累积灌水量，并且当该值达到设定灌水量时停止灌溉。流量采样的精度和灌水量计算的精度通过前期校准，误差控制在 1%以内。与策勒试验站的灌溉系统不同，由于该灌溉系统较小，单片机控制器将直接控制电磁阀的开闭实现灌溉。

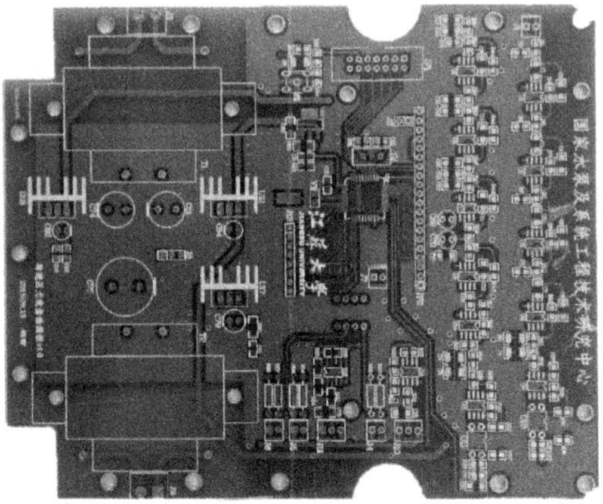

(a) PCB 板

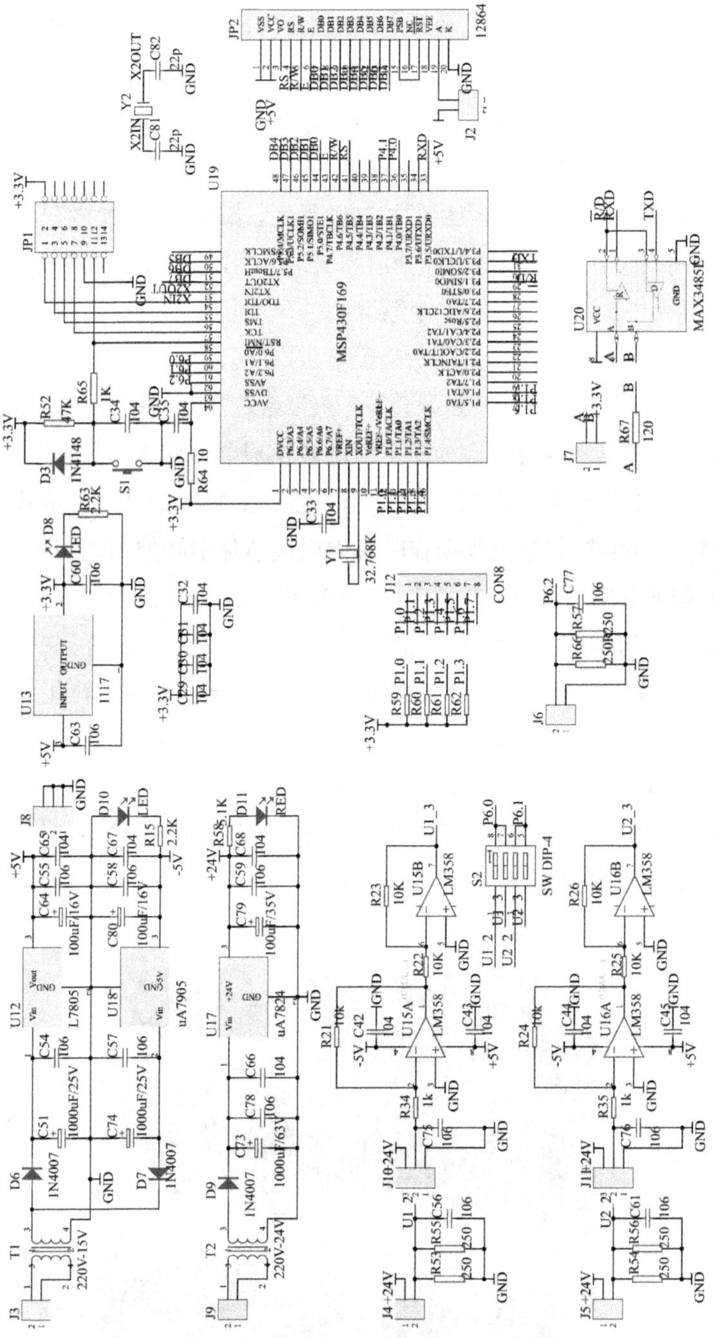

(b) 原理图

图 6.13　单片机控制器硬件电路

单片机控制器的程序流程图如图 6.14 所示，其中，校准流量读数时，同时检测了流量计读数是否正常，避免因流量计未开启或灌溉完成后流量瞬时低于 0 时计算错误，当流量计未通电时控制器将关闭阀门并显示错误，灌溉完成后，流量计读数出现负值则按流量为零计算。灌溉完成后，时间计数器不再增加，因此显示器(LCD12864)显示的灌溉时间停止，总灌水量为累积计算值，当前流量为 0。采用 AD 中断对流量信号进行采样，每秒内中断 30 次进行采样后取平均值作为这 1 s 内的流量平均值并用于积分计算。

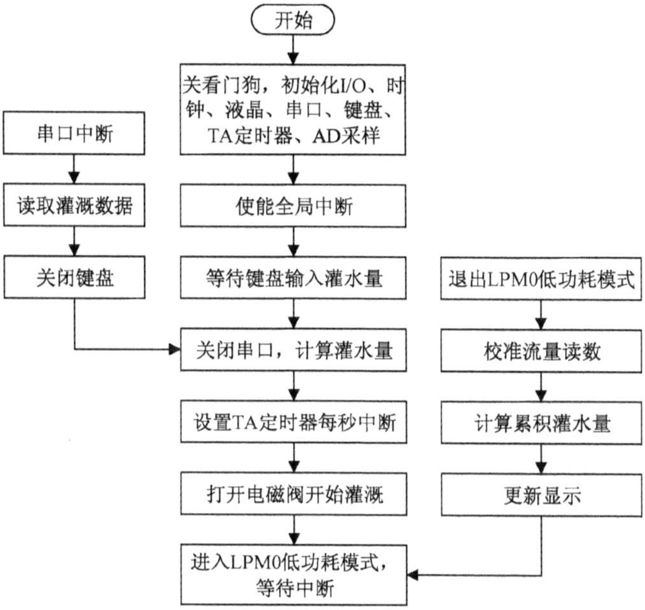

(a) 主程序

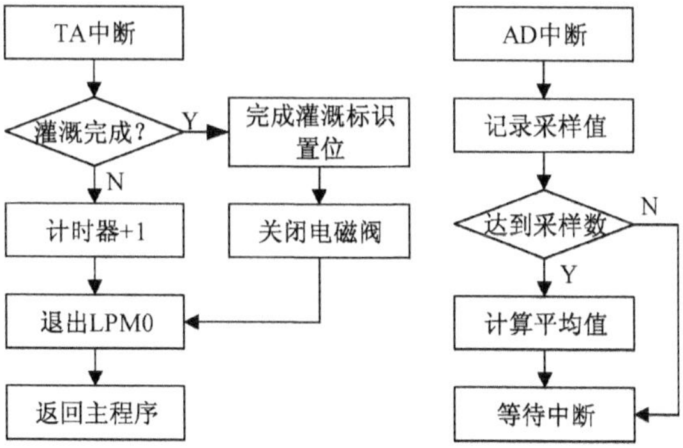

(b) 中断程序

图 6.14　单片机控制器程序流程图

对上述开发的基于 ET 的灌溉决策及控制系统进行了分析，以 2017 年试验结果为例，从滴灌控制系统的灌水量控制精度、灌溉决策方法的有效性方面进行了评价。通过比较设定灌水量和实际测量灌水量评价控制系统的精度；通过比较估计的土壤含水率和实际土壤含水率评价灌溉决策方法的有效性，即当估计的土壤含水率与实际情况越接近，则说明这种方法能较准确地反映土壤含水率的变化，从而有效地实现对土壤含水率的控制，保持作物生长的水量需求，实现较好的灌溉决策。

流量采样的精度和灌水量计算的精度通过前期校准，误差控制在 1%以内。尽管如此，由于关闭电磁阀后水流的滞后作用，实际流量计测定的灌水量和控制器设定值之间仍存在一些误差，如图 6.15 所示。除图中标记的初次灌水量存在近 10%的误差外，其他灌溉事件中的灌水量误差均较小。流量采样校准后，实际灌水量比设定值平均增大约 1.1%，总体上系统的流量控制精度较高。

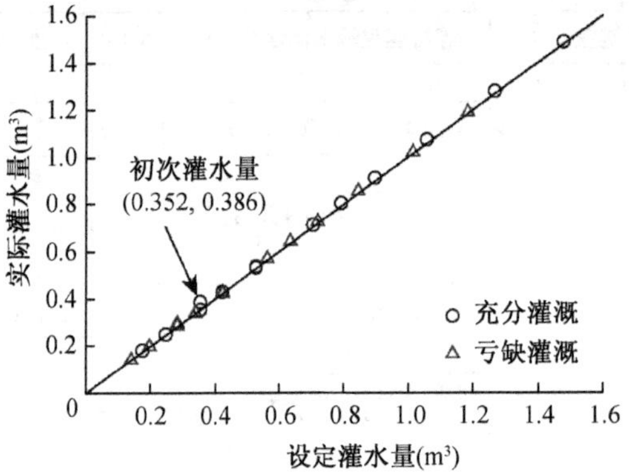

图 6.15　设定灌水量与实际灌水量对比

如图 6.16 所示为采用上述基于 ET 的灌溉决策方法和系统下，句容温室灌溉实验的决策过程及实际田间试验灌溉方案，其中，土壤含水量的变化不是实测值，仅用于与 *MAD* 定义的土壤含水量下限进行比较从而决定灌溉时间，当估计的土壤含水率降至 *MAD* 定义的土壤含水量下限时触发灌溉，每次灌溉均灌至田持。初始土壤含水量设置为田持，超过田持的部分视为渗漏量。实验前期由于灌溉系统调试和田间管理等因素，有些与决策方法不一致；试验中期由于管理需要，有时当估计的土壤含水量接近 *MAD* 定义的下限时提前进行了灌溉。最后一次灌溉考虑到果实采摘和气温、水温较低的因素，延迟并减少了灌水量。

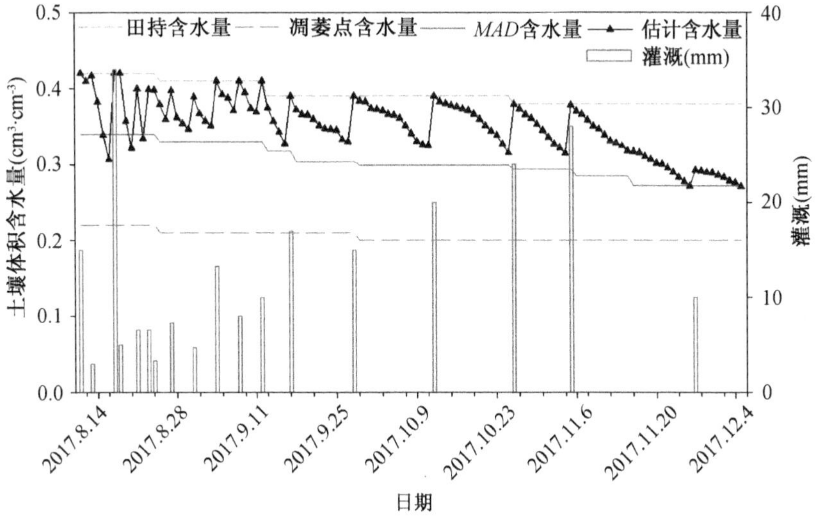

图 6.16　句容温室基于 ET 方法灌溉决策过程示意及实际灌溉方案

灌溉过程中采用 ET 计算和水量平衡估计的土壤含水量与实测值对比如图 6.17 所示。其中实测的土壤含水量计算时，首先计算充分处理下（H2、H4）在根系深度内每个土壤层体积含水量的平均值（多个测量点取平均值），再计算根系深度内各土壤层的加权平均作为当前根系深度内的实测土壤含水量。

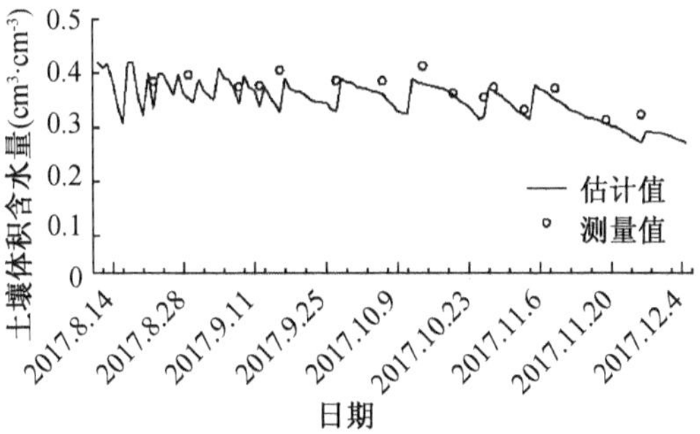

图 6.17　土壤含水量估计值与测量值对比

由图 6.17 可知，估计值普遍比实测值小，但总体上变化趋势一致。数据统计结果显示，估计值相对于实测值的百分比偏差为－9.1％，相对均方根误差 *RRMSE* 为 10.8％，相关系数 r 为 0.7，从模型角度来说，采用 ET 和水量平衡计算估计的土壤含水量效果还不够理想，但从灌溉决策角度来说，在缺乏前期试验数据的基础上，采用基于 ET 和水量平衡计算能获得较为可靠的土壤含水量变化，并以此进行灌溉决策，使得实际土壤含水量保持在合理范围内，既不产生明显径流和深层渗漏，也能满足作物的水分需求，保证了灌溉水的有效利用，因此，该方法在灌溉决策上的应用是合理有效的。

由于土壤含水量估计值是在田持基础上减去土壤水分亏缺（D_i）并换算到根系层含水量得到的，因此其估计的准确性不仅依赖于对田持测量的准确性，还受到蒸散量计算准确性的影响，此外，土壤含水量实测值也存在误差，受到日光温室棚外降雨通过土壤渗透的影响，也会导致测量值偏大。总之，在复杂的田间环境下，采用基于 ET 和水量平衡计算的灌溉决策方法尽管在土壤含水量的估计上存在一定的误差，但仍能够实现较为可靠有效的灌溉决策。

6.3.5 RZWQM2 模型率定

采用测量的作物产量、不同作物生育期的分层土壤含水量以及叶面积指数初步率定 RZWQM2 模型[219,220]。采用充分灌溉下的测量数据进行率定，并采用亏缺处理下的数据进行验证，模拟的产量、总土壤含水量（0～40 cm 土层）和叶面积指数的误差如表 6.3 至表 6.5 所示。其中，所采用的误差统计参数及其计算公式如式（6-4）至式（6-9）。

$$RMSE = \sqrt{\frac{1}{N}\sum_{i=1}^{N}(P_i - O_i)^2} \tag{6-4}$$

$$RRMSE = \frac{RMSE}{\overline{O}} \tag{6-5}$$

$$NSE = 1.0 - \frac{\sum_{i=1}^{N}(P_i - O_i)^2}{\sum_{i=1}^{N}(O_i - \overline{O})^2} \tag{6-6}$$

$$D = 1.0 - \frac{\sum_{i=1}^{N}(O_i - P_i)^2}{\sum_{i=1}^{N}(|P_i - \overline{O}| + |O_i - \overline{O}|)^2} \tag{6-7}$$

$$R^2 = \frac{\left[\sum_{i=1}^{N}(O_i - \overline{O})(P_i - \overline{P})\right]^2}{\sum_{i=1}^{N}(O_i - \overline{O})^2\sum_{i=1}^{N}(P_i - \overline{P})^2} \tag{6-8}$$

$$PBIAS = \frac{\sum_{i=1}^{N}(P_i - O_i) \times 100}{\sum_{i=1}^{N}(O_i)} \tag{6-9}$$

式中：

RMSE——均方根误差；

RRMSE——相对均方根误差；

NSE——Nash-Sutcliffe 模型效率系数[221]；

D——*D* 指数[222]，*NSE* 和 *D* 越接近 1.0 说明模型校准越好；

R^2——决定系数；

PBIAS——百分比偏差；

P——模型计算值；

O——观测值。

表 6.3　RZWQM2 模拟句容温室番茄产量(干重)结果与误差

灌溉处理	测量产量 ($kg \cdot ha^{-1}$)	模拟产量 ($kg \cdot ha^{-1}$)	*RMSE* ($kg \cdot ha^{-1}$)	*RRMSE* (%)
充分	1 415	1 359	56.4	4.0
亏缺	1 637	1 437	199.5	12.2

表 6.4　RZWQM2 模拟句容温室番茄叶面积指数误差统计

灌溉处理	*RMSE* ($kg \cdot ha^{-1}$)	*RRMSE* (%)	*NSE*	*D*	R^2	*PBIAS* (%)
充分	0.440 6	18.84	0.941 2	0.986 0	0.976 3	−13.76
亏缺	0.491 3	22.73	0.924 9	0.982 4	0.940 9	−4.93

表 6.5　RZWQM2 模拟句容温室番茄土壤含水率误差统计

灌溉处理	*RMSE* ($kg \cdot ha^{-1}$)	*RRMSE* (%)	*NSE*	*D*	R^2	*PBIAS* (%)
充分	0.011 1	4.43	0.703 5	0.913 5	0.769 6	−2.09
亏缺	0.013 0	5.47	0.422 2	0.871 3	0.606 7	1.34

通常来说，根据 Ma 等[223](2011)建议 $NSE > 0.7$，$D > 0.7$，$R^2 > 0.8$，

$-15\% < PBIAS < 15\%$时，模型校准效果较好。由表 6.3 至表 6.5 中的统计结果可知，虽然在亏缺处理（验证）下模型的 NSE 和 R^2 值相对较低，但整体上，模型对充分和亏缺灌溉处理下的作物产量、土壤含水量和叶面积指数能进行较好的模拟。为了方便模型率定和校准过程中查看数据统计结果，直观地展现土壤含水率、叶面积指数的变化，采用 Java 语言编写了如图 6.18 所示的界面，从而提高模型率定效率。

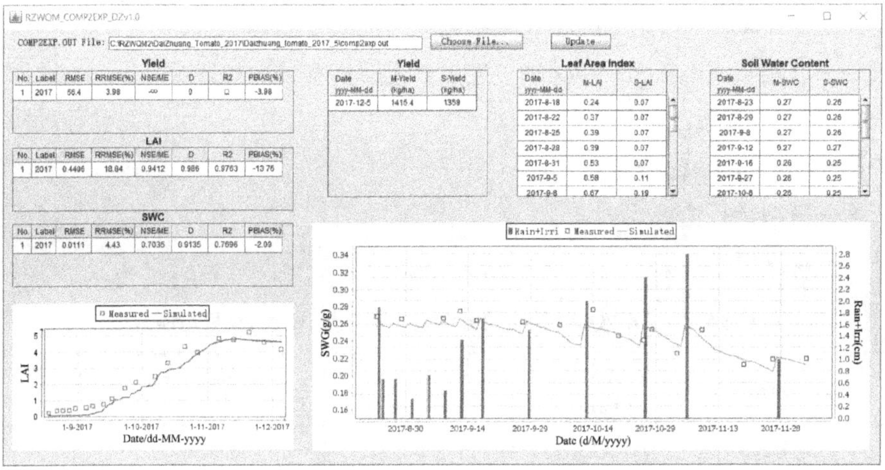

图 6.18　RZWQM2 模型率定结果统计界面

由于仅进行了一年的田间试验，模型的不确定性、田间测量参数的误差、田间管理的不到位等因素都会影响模型率定的效果。就 2017 年的句容温室番茄灌溉实验来说，由于温室棚面积较小，虽然模型中设置的降雨量为零，但是实验中实际降雨会通过温室外部的土壤渗入到温室内，从而影响土壤含水量的测定；模型中风速也设置为零，而实际情况下温室内作物蒸发蒸腾多少会受到外部风速的影响。初步率定的模型可能还不能很好地对该试验地的作物生长进行模拟，但是可以采用该率定的模型与原有灌溉方案同时进行田间试验，通过逐年的不同灌溉方案逐步完善模型的准确性，最终实现采用基于 RZWQM2 水分胁迫的灌溉决策方法进行实时灌溉决策的目的。

6.4　本章小结

本章以两个灌溉决策系统为例，建立了集成灌溉决策和精确灌溉控制系统的灌溉模式，为建立智能灌溉系统给出了实例。具体如下：

（1）采用 RZWQM2 模型水分胁迫进行灌溉决策，实现了策勒棉花试验田灌溉决策及控制系统。模型率定采用前期多年的田间试验数据，通过试验田附近的气象站获取实时气象数据，通过网站获取预报气象数据。设计了单片机控制系统软硬件，实现了从电脑端灌溉决策到精确滴灌系统的连接，实现了自动决策及灌溉控制。

（2）通过句容日光温室樱桃番茄灌溉实验给出了实现灌溉决策及精确控制系统集成的系统解决方案。采用基于 ET 和水量平衡的方法进行灌溉决策，并设计了单片机精确滴灌控制系统，通过设置充分和亏缺灌溉处理，采集不同处理下的作物产量、叶面积指数和土壤含水量率定 RZWQM2 模型。给出了从灌溉决策方法，田间参数测量，灌溉系统设计，到 RZWQM2 模型率定，并最终实现基于 RZWQM2 水分胁迫灌溉决策方法的一套完整的实例，为我国实现农业灌溉智能化和系统化提供参考。

（3）由于实验条件的限制，句容温室实验中开发的灌溉系统还未能实现更高水平的自动化，例如，微气象站的数据需要实验人员携带个人电脑进行数据采集，通过电脑端决策软件处理后输入到控制柜中的控制器才能实现灌溉，但通过将微气象站数据上传到指定服务器或网络，灌溉管理人员便可在任何能连接到网络的地方获取数据，通过开发的软件决策后再将灌溉决策结果发送到同样连接到网络的田间控制器，实现更高程度的灌溉智能化。

第七章 基于 RZWQM2 的神经网络模型灌溉决策方法

根据第二章对灌溉决策方法的总结可以知道，合理的灌溉决策方法应当关注作物不同生育阶段的土壤含水量变化，通过灌溉控制土壤含水量在各种方法定义的含水量下限值以上，从而保证作物在相应阶段的需水量，保证产量。然而，在采用 RZWQM2 模型的灌溉决策方法中，需要安装专业的 RZWQM2 软件并依托于电脑平台进行计算，还需要编写用户程序实现模型计算与田间实时控制系统的交互；不像策勒站实验，在实际田间灌溉实践中，在田间安装电脑用于灌溉决策控制的做法的成本较高，且由于供电和网络等问题也限制了这种做法的可行性。当然，采用远程无线通信的方法也可以将电脑端的决策结果传输到田间控制器中，但更经济的做法是，将决策过程写入到低成本控制器中，直接对灌溉系统进行决策控制。鉴于类似 RZWQM2 模型的农业系统过程模型并不具备在低成本控制器上运行的能力，有必要提出一种能在低成本控制器运行，且能达到与前述基于 RZWQM2 模型水分胁迫灌溉决策效果的算法或模型。人工智能算法就是可能的解决途径[224]，并在低成本的智能硬件上运行，如树莓派等[183]。

当前，采用人工智能算法开展农业领域相关的研究越来越多[225]，例如草的识别、土地覆盖分类、作物识别、果实计数、作物种类识别以及蒸散量预测[226,227]等，但是由于缺乏有效的训练数据集，在灌溉或者作物水分胁迫监测领域的研究较少，例如不同环境变量下的土壤含水量响应数据集[228]。在进行灌溉决策时，通常有两种途径应用人工智能算法：一是构建各种相关因素与恰当的灌溉决策数据集，二是预测灌溉决策过程的相关指标，如土壤含水量或作物水分胁迫。第二章中提到的 Navarro-Hellín 等[181]（2016）的方法就属于第一种，而 Tsang 和 Jim[180]（2016）则是通过预测土壤含水量间接进行的灌溉决策，属于第二种。然而，Tsang 和 Jim[180]（2016）研究中采用的是传感器测量值为训练目标，且没有考虑作物生长和根系变化的因素。上述两种方法都需要大量的训练数据，然而，恰当的灌溉决策往往需要由经验丰富的农学专家给出，或者通过多年的大范围灌水量处理的田间试验获得，另外连续的传感器测量（例如精确的土壤含水量），在考虑田间变异性和测量准确性等因素时，需要投入较大的精力和成本。通过田间试验校准的农业系统模型，此时就可以产生较多的数据样本，为人工智能算法的训练验证提供数据支持。

Adeyemi 等[229]（2018）开发了一套预测灌溉系统，基于测量的历史气象数据和 AquaCrop 模拟的土壤含水量，采用神经网络（Neural Network，NN）模型预测后一天的土壤含水量，并采用预测值确定灌溉量和灌溉时间。然而，该预测灌溉系统仅需要在 AquaCrop 模拟值的基础上准确预测后一天的土壤含水量，不能脱离农业系统模型单独对作物生育期的土壤含水量变化进行连续的准确预测，因为在单纯依靠 NN 模型时，累积的预测误差可能会使后期的土壤含水量变得不可靠。

由于采用 RZWQM2 模型进行灌溉决策时已经对灌溉目标地进行了率定，模型能够较好地模拟该目标地相应作物的生长和需水规律。在采用 RZWQM2 模型水分胁迫指标（*SWFAC*）时，当潜在根系吸水量（*PWU*）小于作物潜在蒸腾量（T_p^{SW}）时，产生水分胁迫［参见公式（3-1）］，并用于触发灌溉，实际上 *PWU* 反映了作物根系土壤含水量情况，由图 4.2 可知，在 Colorado 试验地 2008—2010 年的基于 RZWQM2 的灌溉决策方法下，灌溉触发时的土壤含水量下限与根系土壤深度内含水率为 $\theta_{fc}-0.65\times(\theta_{fc}-\theta_{wp})$ 时接近，因此，采用此土壤含水率作为下限触发灌溉，灌水量仍然通过公式（3-7）计算并灌至田持（$K=1$），那么可以得到与基于 RZWQM2 水分胁迫方法类似的灌溉效果。

鉴于通过土壤含水量测量会增加系统成本，而采用 Penman 法不能估计土壤中水分随不同层的分布，从而不能确定根系土壤深度内的含水率，给灌溉触发时间决策的准确性带来影响。神经网络可以学习自变量和因变量之间的复杂非线性关系[230]，且已经在建模、预测、分类等领域取得了重大突破，因此，本章拟采用神经网络学习作物生长过程中不同层土壤含水率的变化和有水分补给时不同土壤层水分的分布，进而计算根系深度土壤含水量并与阈值比较触发灌溉，形成在 RZWQM2 模型基础上的基于神经网络的灌溉决策方法。将训练好的神经网络模型移植到不同的硬件终端，如手机、平板、田间灌溉系统控制器中，就可以更加方便地实现灌溉决策及系统的智能化水平。本章将采用针对 Colorado 州试验田校准的 RZWQM2 模型为 NN 模型的训练与验证提供数据样本并以基于 RZWQM2 模型水分胁迫的灌溉决策方法为参照对比 NN 模型灌溉决策方法的性能。

7.1 土壤含水量预测神经网络模型

7.1.1 模型构建

由于 RZWQM2 模型在模拟土壤含水量时进行了分层描述，且不同层的土壤属性不同。随着作物的生长，作物根系长度不断加深，决策灌溉时涉及的土壤层深度也随之变化，若以单一的较深的土壤层进行灌溉触发和灌水量计算，那么在根系较浅时不能准确估计根系土层内的含水量，产生错误的灌溉决策。比如在根系土层内的土壤含水量较小且低于该土层的下限含水量 $[\theta_{fc}-0.65\times(\theta_{fc}-\theta_{wp})]$（参考图 4.2），但在较深的土壤层中土壤水分充足，整体上计算的含水量没有达到下限，不会触发灌溉。反之，根系土壤含水量较高（例如降雨后），但深层含水率较低，此时会触发灌溉，但根系可供作物需求水量仍然充足。此外，由于土壤属性、初始土壤含水量分布以及根系生长过程中对不同土层水分的吸收规律不同，不同层的土壤含水率变化不同，因此有必要对每个土壤层含水量进行预测。采用一个多输入多输出的 NN 模型可以达到目的，但其效果可能不会很好，因为所构建的模型的超参数需要适用于不同土壤层的土壤含水量变化规律，在相同的环境下对于上层土壤的变化剧烈而对于深层土壤变化平缓。即使构建了这样一个多输入多输出的 NN 模型，也可能只能针对训练的田块适用而对于其他田块效果较差，因为不同田块土壤层剖面的土壤属性分布不同，因此可能需要重新设计模型结构。对每个土壤层构建一个单独的 NN 模型，该模型只需要学习该层土壤含水量的变化规律，这样构成的 NN 模型可以更好地适应其他田块的模拟，具有更好的适用性。由于针对 Colorado 州试验田的 RZWQM2 模型中将土壤层分成了 7 层，因此对这 7 个土壤层均构建单独的土壤含水量预测模型。

由于在灌溉或降雨后日土壤含水量将会激增，这种突变与土壤水分的消耗过程不同，量级也不同，因此有必要将灌溉和降雨后的土壤含水量变化与无灌溉且无降雨时的土壤含水量变化分开进行建模。因此，每个土壤层的 NN 模型又分成两个子模型，即，耗水 NN 子模型和补水 NN 子模型，有降雨或灌溉时采用补水子模型，否则采用耗水子模型。整体结构如图 7.1 所示。因此，为了准确学习土壤根系含水率的变化，分成了 7 个不同深度的土壤层，通过神经网络学习每个土壤层在给定作物和气象条件下的耗水规律和有水分补给时的含水量变化规律，计算根系土层的含水量并与根系土层含水量下限值比较触发灌溉，灌水量计算与公式(3-7)相同。土壤分层属性参数见表 4.1。

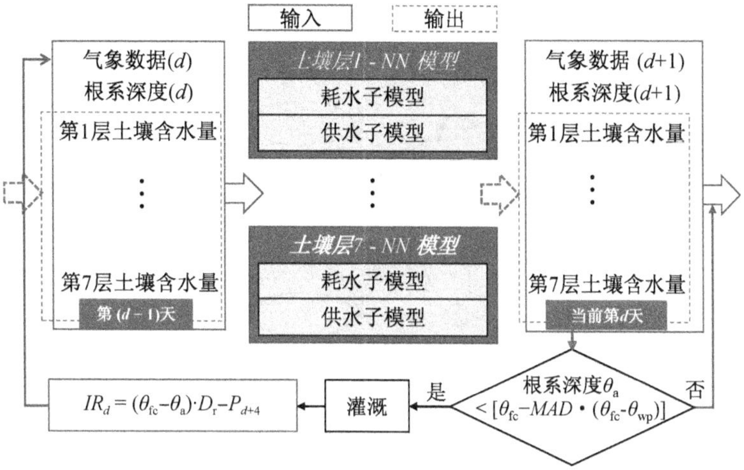

图 7.1　基于神经网络的灌溉决策过程示意图

θ_a 加权平均的根系土壤含水量；θ_{fc} 和 θ_{wp} 分别为第 d 天田持和凋萎点的加权平均根系体积土壤含水量；MAD 为允许亏缺量，即土壤中可以亏缺的水分比例；IR_d 为第 d 天的灌水量；D_r 为第 d 天的根系深度；P_{d+4} 为第($d+1$)天至第($d+4$)天的累积降雨量。

采用神经网络模型中最常用的多层感知器[231](MLP，Multilayer Perceptron)预测不同气象条件和作物生长阶段下土壤含水率的变化，由输入层、隐层和输出层组成。研究证明，在具有足够样本、合适的权重和合理的结构的情况下，具有一个隐层的 MLP 可以对任意连续且有界的函数进行拟合[232−234]，MLP 神经网络模型结构如图 7.2 所示。

由于每一层土壤的含水率变化受到以下因素的影响：(1) 根系吸水；(2) 土壤层垂直方向的水分运动，主要受不同层土壤含水量和土壤属性的影响；(3) 土壤剖面的水分输入和输出。根系吸水与气象条件和根系生长相关；土壤剖面的水分运动可通过 NN 模型对大量样本的学习得到。由于这里给出的是对半干旱地区 Colorado 州试验田的模拟，该实例中深层渗漏和地表径流在充分灌溉下可以忽略，地下水对根系深度的土壤含水量变化也没有影响，因此，水分输入只包括灌溉和降雨，而水分输出为蒸散。与 RZWQM2 模型中采用日气象数据一致，在构建的 NN 模型中对日土壤含水量进行连续预测，气象数据输入包括日平均参数：气温、相对湿度、风速和日累积参数(净辐射和降雨量)。因此，构建的 NN 模型的输入变量包括日气象数据、日根系深度和各层的土壤含水量，输出为每一层的土壤含水量。在补水子模型中，降雨和灌溉合并后作为水量输入，比耗水子模型多一项输入参数。

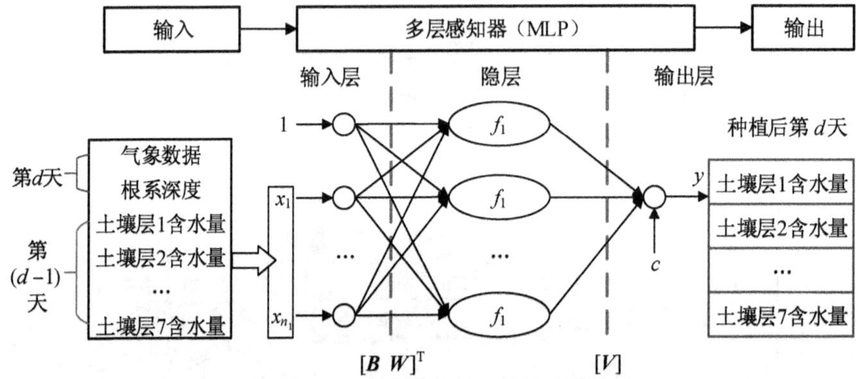

图 7.2 MLP 神经网络模型结构示意图

注：x_i 为输入变量，i 变化范围为 1 至 n_1，n_1 为输入神经元数；f_1 为激活函数；y 为某一土壤层的输出土壤含水量；c 为 MLP 模型参数；$\boldsymbol{B}$、$\boldsymbol{W}$ 和 $\boldsymbol{V}$ 为 MLP 参数的矩阵形式，分别与公式(7-1)中的 b_j，w_{ij} 以及公式(7-3)中的 v_j 相对应。

需要说明的是，与 RZWQM2 模型一致，所述的第 d 天的土壤含水量值表示这一天结束时的土壤含水量状态，也就是说，第 d 天若存在降雨或灌溉，在 NN 模型中将计算到第 d 天的土壤含水量变化中，而忽略降雨或灌溉在这天中具体发生时间对土壤含水量计算的影响。因此，NN 模型的输入为种植后第 d 天的气象数据和根系深度，第($d-1$)天各土壤层的含水量；每个子模型输出为第 d 天相应土层的含水量。

由于输入、输出为非线性关系，隐层中激活函数选用 Sigmoid 函数(图 7.2 中的 f_1)，每个土壤层含水量预测子模型的数学表达式如下[235]：

$$g_j = \sum_{i=1}^{n_1} w_{ij} x_i + b_j \tag{7-1}$$

$$u_j = f_1(g_j) = \frac{2}{1+\mathrm{e}^{-2g_j}} - 1 \tag{7-2}$$

$$y = \sum_{j=1}^{n_2} v_j u_j + c \tag{7-3}$$

其中，x_i 为输入变量，w_{ij}，b_j，v_j 和 c 为模型参数，g_j 和 u_j 为第 j 个隐节点的输入输出，y 为某层土壤含水量输出，n_1 为输入变量的个数(耗水子模型为 12 个，补水子模型为 13 个)，n_2 为隐节点个数，因此，模型参数个数为 $(n_1+2)\times n_2+1$ 。

7.1.2　模型训练

模型参数随机初始化，并采用递归梯度下降法[236]确定。训练数据采用 3 年田间灌溉方案下 RZWQM2 的模拟值，以及田间记录的气象数据，记为田间灌溉数据集(FI 数据集)。耗水子模型和补水子模型分别进行训练。

由于输入变量之间的数量级差距较大(从 10^{-1} 到 10^3)，为了提高模型性能，在学习前首先将所有输入变量正则化，使其数值范围调整到[−1, 1]，调整方式如下：

$$x_i'=2\times\frac{x_i-\min(x_i)}{\max(x_i)-\min(x_i)}-1 \tag{7-4}$$

其中，$\min(x_i)$ 和 $\max(x_i)$ 为变量 x_i 在数据集中的最小、最大值，x_i' 为变量 x_i 的正则化值。

隐节点个数 n_2 的不同会影响神经网络最终的实验结果，根据经验选择模型隐节点个数 $n_2=10$。随机初始模型参数，然后根据递归梯度下降法训练模型参数[235]，具体如下：

$$p(s+1)=p(s)-l\times\frac{\partial E}{\partial p} \tag{7-5}$$

$$E(s)=\frac{1}{N}\times\sum_{k=1}^{N}\left[y_k(s)-y_k^t\right]^2 \tag{7-6}$$

式中：

s——当前迭代步数；

$p(s)$——第 s 步的模型参数值；

E——模型目标方程，即预测误差；

l——学习率，决定了模型的收敛速度，本研究中采用变步长法调整模型参数，加快收敛速度；l 初始值设置为 0.001，当第 s 步的误差小于前一步的误差，即 $E(s)<E(s-1)$ 时，l 值变化为原来的 10 倍，否则缩小为原来的 1/10；

N——训练样本个数；

k——第 k 个样本；

y_k ——模型第 k 个输出(某层的土壤含水量)；

y_k^t ——模型第 k 个训练样本目标值(某层的土壤含水量)；

$\frac{\partial E}{\partial p}$ ——目标方程对模型参数 p 的一阶偏导数，具体计算如下：

$$\frac{\partial E}{\partial w_{ij}} = \sum_{k=1}^{N} [y_k(s) - y_k^t] w_j [1 - u_{jk}(s)^2] x_{ik} \tag{7-7}$$

$$\frac{\partial E}{\partial b_j} = \sum_{k=1}^{N} [y_k(s) - y_k^t] w_j [1 - u_{jk}(s)^2] \tag{7-8}$$

$$\frac{\partial E}{\partial v_j} = \sum_{k=1}^{N} u_{jk} [y_k(s) - y_k^t] \tag{7-9}$$

$$\frac{\partial E}{\partial c} = \sum_{k=1}^{N} [y_k(s) - y_k^t] \tag{7-10}$$

根据上述步骤调整模型，当模型误差 E 小于设定值(10^{-6})或训练步长达到指定步数(200)，则认为模型训练完成，此时的模型参数为最终参数。为避免过拟合，采用交叉验证方法控制训练过程，在每个迭代步数上调整模型参数。上述过程均采用 Matlab 中神经网络工具箱编程实现。

7.1.3 模型性能

采用 4 个统计量评价神经网络的性能，分别为决定系数(R^2)，相对平均误差($nMBE$)，相对平均绝对误差($nMAE$)和相对均方根误差($nRMSE$)，其具体计算见公式(7-11)至公式(7-12)，R^2 和 $nRMSE$ 计算分别参考公式(6-8)和公式(6-5)。

$$nMBE = \left[\frac{1}{N}\sum_{i=1}^{N}(y_i - y_i^t)\right] \cdot \frac{1}{\overline{y^t}} \times 100\% \tag{7-11}$$

$$nMAE = \left[\frac{1}{N}\sum_{i=1}^{N}|y_i - y_i^t|\right] \cdot \frac{1}{\overline{y^t}} \times 100\% \tag{7-12}$$

其中：y_i 表示神经网络模型的第 i 个估计值；y_i^t 表示第 i 个目标值(真值)；N 表示测试样本的个数；$\overline{y^t}$ 表示目标值的整体平均值。

采用 FI 数据集对耗水和补水两个神经网络子模型分别进行了训练，并采用在基于 RZWQM2 水分胁迫方法得到的灌溉方案下的土壤含水量模拟值构成的数据集(记为 WS 数据集)进行测试。2008—2010 年 3 年的两个子模型的整体预测训练结果统计如表 7.1 所示。以 2008 年为例,各土壤层的测试结果如图 7.3 所示,误差统计如图 7.4 所示。2009 年和 2010 年的结果相似。训练和测试结果中,神经网络模型输出的每个点都是在前一天土壤含水量真值基础上预测得到的。由图 7.3 可知,对于 7 个土壤层,所训练的神经网络模型能较好地模拟在气象条件和降雨或灌溉下土壤含水量的变化,越浅层的土壤含水量变化越剧烈,尽管神经网络模型模拟结果存在一定的误差,但每个土壤层耗水和补水后的含水量变化趋势和幅度与 RZWQM2 模拟的结果吻合较好。由于灌溉时主要关注根系深度土层内的土壤含水量,因此,采用上述 7 个土壤层的耗水和补水神经网络模型测试结果计算根系深度土壤含水量的变化[公式(4-3)],结果如图 7.3 和图 7.4 所示。根系深度的变化仍采用 RZWQM2 模型 2008—2010 年基于水分胁迫灌溉方案下的模拟值,3 年的根系深度变化基本相同,没有明显差异。因此在计算根系深度土壤含水量时,训练的神经网络模型仍具有较好的精度。

表 7.1　神经网络耗水和补水子模型对 7 层土壤含水量预测训练效果统计表(3 年数据)

深度(cm)	耗水子模型				补水子模型			
	R^2	*nMBE*(%)	*nMAE*(%)	*nRMSE*(%)	R^2	*nMBE*(%)	*nMAE*(%)	*nRMSE*(%)
0~15	0.997 9	−0.05	0.88	1.27	0.981 9	0.09	2.03	3.01
15~30	0.996 9	−0.33	1.07	1.39	0.984 9	−0.04	1.82	2.82
30~60	0.999 5	0.07	0.33	0.53	0.988 4	−0.74	1.64	2.61
60~90	0.999 8	−0.01	0.19	0.30	0.997 4	−0.06	0.35	0.84
90~120	0.999 9	−0.02	0.09	0.15	0.993 2	−0.02	0.47	0.91
120~150	0.999 9	0.00	0.03	0.07	0.999 4	0.00	0.04	0.13
150~200	1.000 0	0.00	0.01	0.02	0.998 6	0.01	0.06	0.10

由上述可知,构建的土壤含水量预测 NN 模型对于各土壤层含水量变化的模拟效果较好,误差较小。在采用 WS 数据集测试训练的 NN 模型时,误差相比训练结果稍差,但与真值的吻合度仍然很好(图 7.3 和图 7.4),尽管在某些点上低估或高估了土壤含水量。例如,在第 153 d、154 d、163 d 和 178 d 时产生了较小的降雨量,此时在预测结果中出现了突变,但该突变引起的误差绝对值相对于整体土壤含水量范围来说较小。这样的结果是合理的,因为仅采用了 3 年生育期的日数据样本进行训练,还分成了耗水子模型样本和补水子模型样本,且针对补水子模型的训练样本较少,在补水子模型数据样本中较低

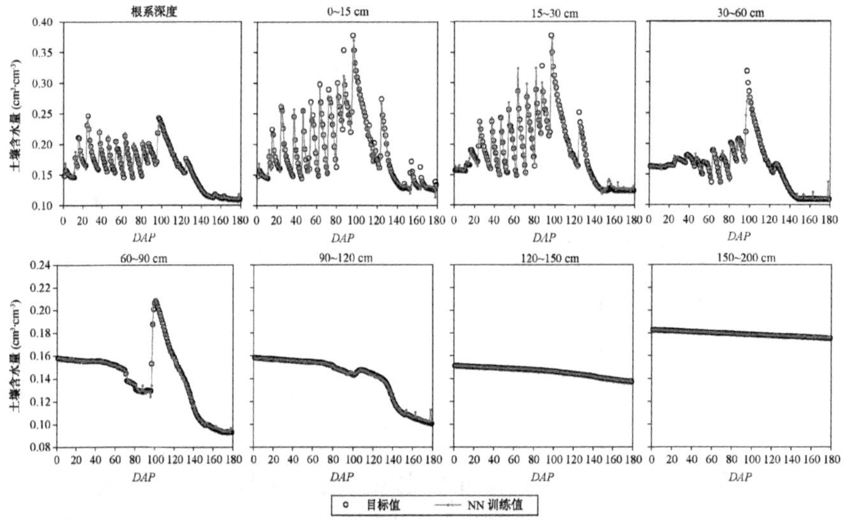

图 7.3　7 个土壤层含水量的神经网络模型测试结果(2008 年)

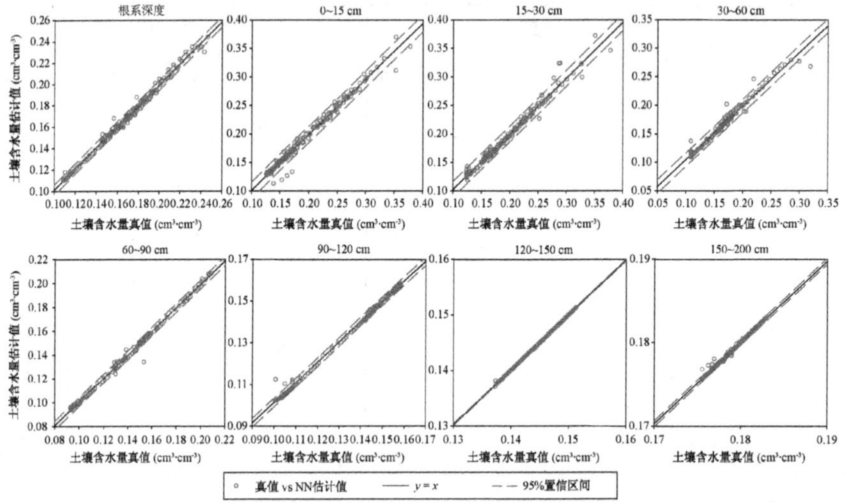

图 7.4　7 个土壤层含水量的神经网络模型测试结果误差统计(2008 年)

或较高土壤含水量样本则更少。由于建立的土壤含水量预测 NN 模型是为了提供根系深度土壤含水量进而决策实时灌溉，在作物生育期内绝大多数情况下的土壤含水量将会在正常范围内，很少出现极大或极小值，因此在较大或较小土壤含水量时的预测误差偏大对整个生育期内根系深度土壤含水量的预测精度影响较小，因此可采用此构建的 NN 模型。但在进行灌溉决策之前，还需要测试该模型在连续预测土壤含水量时的准确性，即是否能在仅给定第一天土壤含水量值的情况下，基于前一天 NN 模型的预测值连续准确预测后续的日土壤含水量，直至作物生育期结束。

采用在基于 RZWQM2 水分胁迫的灌溉方案以及在此灌溉方案下的作物根系生长规律，结合气象数据计算了 NN 模型下作物根系土壤含水量，仅给定作物种植日前一天的土壤含水量（等于真值），之后由 NN 模型一直迭代计算到作物收获，即后一天的土壤含水量由前一天 NN 模型的计算值给出，2008—2010 年的实验结果如图 7.5 所示，对应误差统计结果标记在图中。

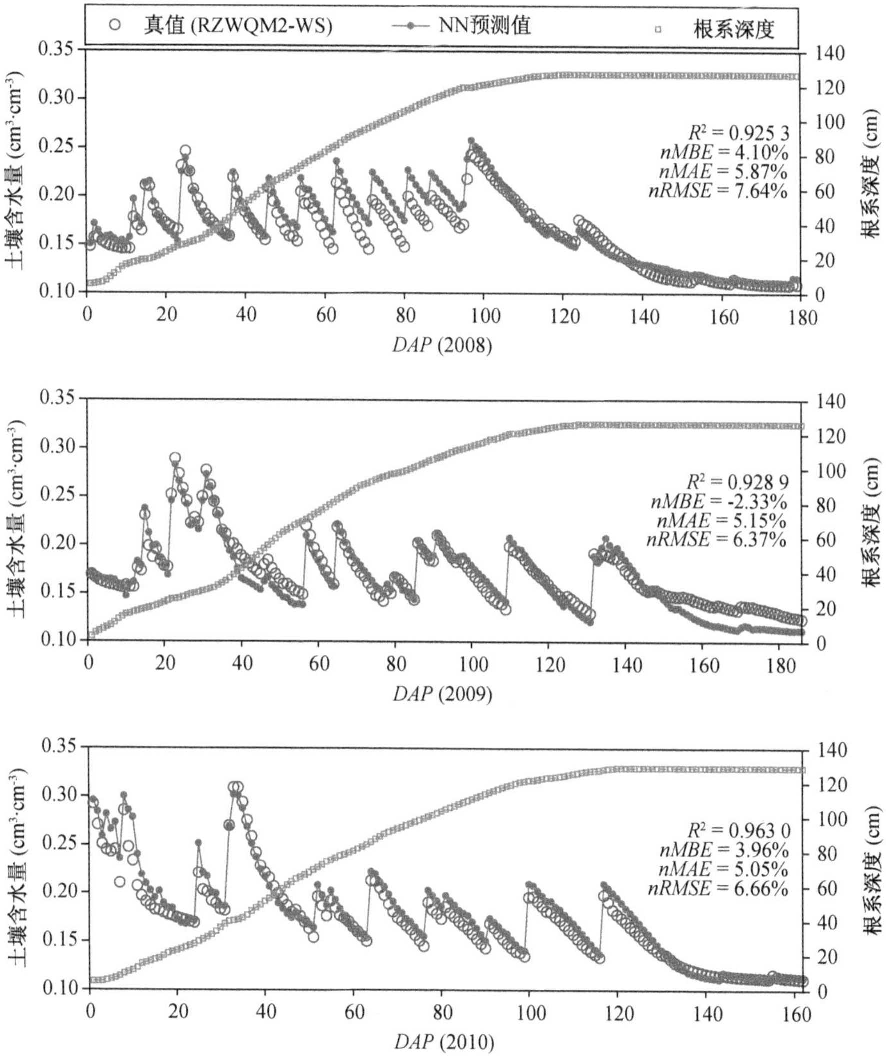

图 7.5　2008—2010 年采用训练的神经网络模型预测根系深度土壤含水量与 RZWQM2 模型对比

由图 7.5 可知，即使基于神经网络模型预测结果进行迭代计算，该训练的神经网络模型也能较好地模拟在不同气象条件、降雨和灌溉制度下的土壤含水量变化，在测试的 3 年中，训练的 NN 模型的预测误差的 R^2 在 0.92 以上，*nMBE*、*nMAE* 和 *nRMSE* 在 8%以内，误差主要是由于神经网络的预测误差累积造成的，这在 2008 测试年的作物生育中期比较明显。在作物生长初始阶段，由于根系较浅，浅层土壤含水量变化比较剧烈，神经网络的模拟结果相对深层模拟结果较差，因此产生的误差也较大，属于在合理范围内。由于训练该神经网络模型时只采用了 2008—2010 年基于水分胁迫方法的灌溉处理下的模拟数据，数据样本相对较小，因此难免会产生预测土壤含水量误差累积造成不够理想的情况。在 RZWQM2 模型的帮助下，我们还可以有更多的训练数据，如采用亏缺灌溉处理时的数据和田间灌溉方案下的数据，这些数据可以增加更多极端情况的样本，进一步提高模型的泛化能力，从而获得更好的预测效果。

7.2 土壤含水量预测神经网络集成

由于对构建的 NN 模型训练时，模型参数是随机初始化的，对模型训练效果有一定的影响[237]。为提高模型的泛化能力和鲁棒性，采用神经网络集成方法[238]预测土壤含水量变化，构建了神经网络集成(NNE)模型。首先按上述构建 NN 模型的方法，在训练模型时随机初始化模型参数，得到 1 000 个随机初始化参数的 NN 模型，单独对玉米生育期的土壤含水量进行预测。从这 1 000 个模型中随机选取 x 个 NN 模型，将选取的各模型预测的每天的土壤含水量取平均值作为 NNE 模型的输出值。由于选取 x 个神经网络模型时也存在随机性，因此对于每次随机选取 x 个神经网络模型进行集成时，均进行 100 次，如当 $x=2$ 时，NNE 模型由两个 NN 模型构成，两个 NN 模型预测的日均值为 NNE 模型的输出值，由于选取这 2 个 NN 模型时存在随机性，NNE 模型的输出性能存在差异，可在约 $R^2=0.5\sim0.9$ 范围内变化，较差的 *nRMSE* 也可达到近 30%，如图 7.6 所示。

由图 7.6 可知，随着组成 NNE 模型中随机初始化的 NN 模型数量的增加，集成模型的性能将趋于稳定，不管选取哪些随机初始权值的神经网络模型来构成，都能得到较高的 R^2 和较低的 *nRMSE*。当由 31 个神经网络模型构成时，集成模型的 R^2 能稳定在 0.9 以上；当超过 38 个神经网络模型时，集成模

型的 *nRMSE* 可保持在 10%以内。因此，建议采用 40 个以上的随机初始神经网络模型来构建一个高性能的神经网络集成模型，当采用 100 个神经网络模型时，集成模型的 R^2 最大约为 0.97，最小约为 0.94，平均约为 0.96，*nRMSE* 最大约为 7.32%，最小约为 4.65%，平均约为 5.93%。如图 7.7 所示为随机选取 100 个神经网络进行集成时单个模型与集成模型输出对比。图 7.7 中，计算集成模型输出时，以神经网络模型结果的 95%置信区间的值取平均，集成模型的性能与真实值误差很小。由此看出，虽然单个神经网络模型的预测性能存在较大差异，但其集成模型具有较好的预测精度和稳定性，在连续预测作物生育期的土壤含水量时，在主要生育期的累计误差很小，因此比神经网络模型具有更好的泛化性能和鲁棒性。

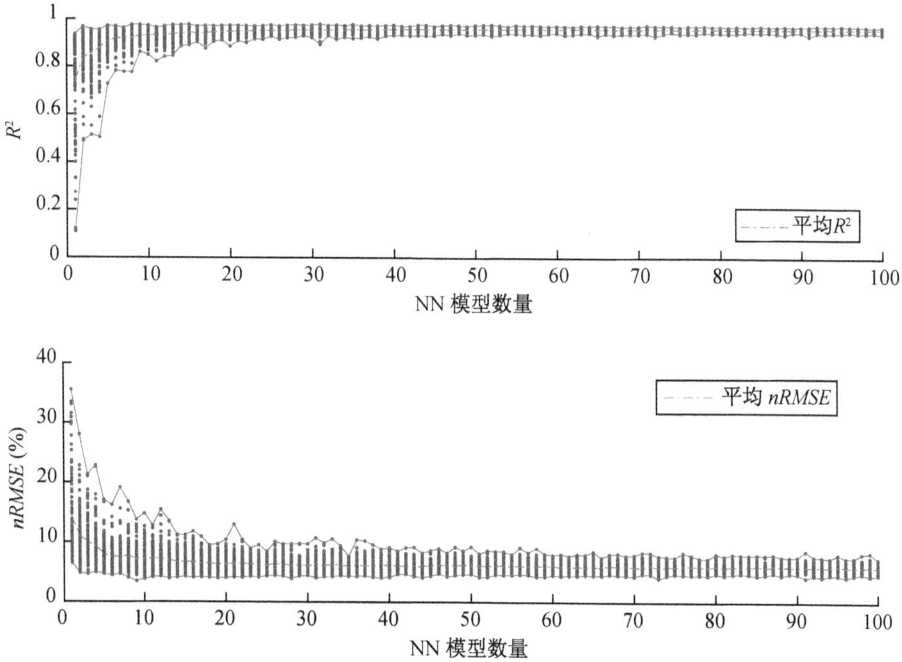

图 7.6 神经网络集成(NNE)模型性能随构成的随机初始权值神经网络模型个数的变化

注：每个点表示一个 NNE 模型的性能参数，实线为模型性能廓线，虚线表示模型的平均性能，R^2 为决定系数，*nRMSE* 为相对均方根误差。

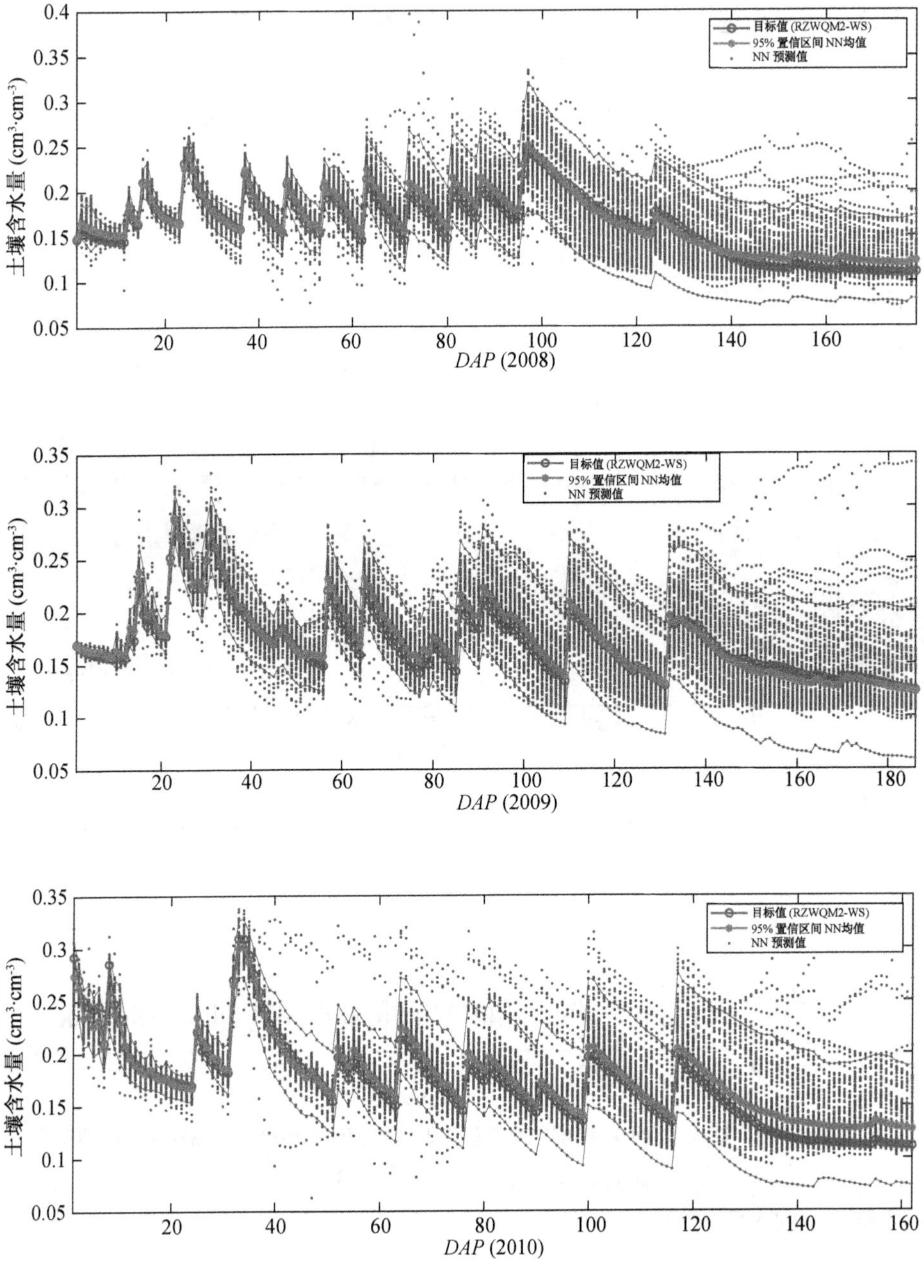

图 7.7　100 个随机初始的神经网络模型预测的根系深度土壤含水量及其集成模型的预测值与真实值对比

注:图中实线为 95％置信区间的轮廓线,日平均值采用 95％置信区间的值计算。

7.3　基于神经网络的灌溉决策方法

采用训练好的神经网络模型，在前一天预测值的基础上预测当天各层土壤含水量并计算根系深度土壤含水量，并与根系深度土层下限含水量水平为 $\theta_{fc} - MAD \times (\theta_{fc} - \theta_{wp})$ 比较进行灌溉决策(参见图 7.1)。当神经网络模型模拟的根系深度土壤含水量低于该下限时触发灌溉，灌水量根据公式(3-7)计算。由于在充分灌溉下根系深度的变化基本相同，因此在基于神经网络的灌溉决策方法中使用的根系深度与水分胁迫下的相同。基于神经网络的灌溉决策结果与原基于水分胁迫方法的决策结果对比如图 7.8。采用神经网络的灌溉决策中，初始(种植前一天)各层土壤含水量由 RZWQM2 模型给出，根据当天的气象预报数据和前一天的土壤分层含水量运行相应的神经网络子模型得到当天各层土壤含水量预测值并计算根系土壤含水量，若低于当天根系土壤含水量下限则触发灌溉，灌水量最小为 1 cm，考虑未来 4 d 降雨。后一天土壤含水量的计算在前一天采用神经网络模型计算的基础上进行。由于在基于 RZWQM2 水分胁迫的灌溉决策中，种植后初始阶段较低的土壤含水量并未产生水分胁迫，因此采用 *MAD* 的下限含水率在初始阶段不适用，在采用神经网络方法的 2008—2010 年灌溉决策测试中，忽略了种植后前 10 d 的灌溉，且在灌浆期结束后也不再增加灌溉。

2008 年至 2010 年采用神经网络的灌溉决策方法测试结果见图 7.8，神经网络方法下的灌水量及产量模拟值列于表 7.2 中，其中产量是由 RZWQM2 模型采用神经网络灌溉决策方法得到的灌溉方案模拟得到的。测试结果表明，在神经网络方法下灌水量和产量与基于水分胁迫方法下的灌溉效果基本相当，但仍存在差异，其中 2008 年的产量下降 7%，灌水量减少了 2.8 cm (9%)，很明显，在作物发育阶段，在接近本该触发灌溉的下限含水量时 NN 模型模拟的根系土壤含水量下降速率过慢，如图中标记的①和②，导致在神经网络方法下触发灌溉时真实的土壤含水量早已低于下限值而产生水分胁迫，降低了产量。然而，在 2009 年，如图中标记的③和④所示，根系土壤含水量却下降得较快，因而引起了提前的灌溉，因此时是在模型模拟值基础上计算的灌至田持的灌水量，因此灌水量超过了实际土壤的持水能力，产生水量损失，虽然保持了产量，但同时增加了灌水量约 15%。2010 年 NN 模拟的土壤含水量与 RZWQM2 模型的模拟值的下降速率相似，但在标记的⑤处变化放缓，导致了灌溉的延迟而损害了产量，灌水量增加了约 9%，产量降低了 0.7%。总体上，测试的 3 年中，相比水分胁迫的方法，神经网络方法要么降低了产量同时减少了用水量（2008 年），要么维持了产量但增加了用水量（2009 和 2010 年）。

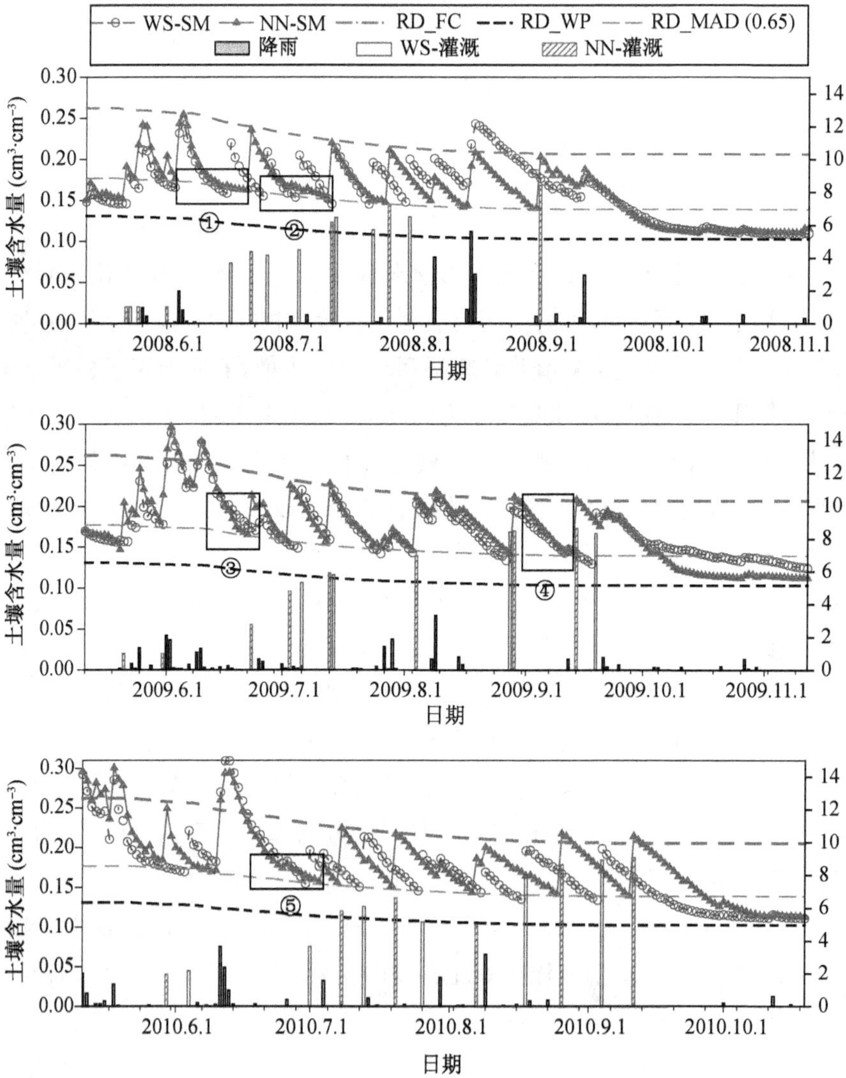

图 7.8　2008—2010 年采用神经网络（NN）和 RZWQM2 水分胁迫（WS）的灌溉决策结果对比

注：WS-SM 为水分胁迫方法下土壤含水量模拟值，NN-SM 为神经网络方法下土壤含水量预测值，RD_FC、RD_WP 和 RD_MAD 依次为根系深度田持、凋萎点含水量和 *MAD* 定义的下限含水量。

整体上基于神经网络的灌溉决策方法成功地控制了作物主要生育期的根系土壤含水量处于下限含水量(*MAD* 定义)和田持之间,从而保证产量并尽量减少灌水量,提高土壤水分利用效率。因此,只要 NN 模型能够连续地准确预测根系深度土壤含水量,就能避免作物产生大的水分胁迫而使灌溉性能变差。表 7.2 中 2009 年和 2010 年的灌溉性能与田间基于 ET 和水量平衡方法的灌溉性能接近,田间灌溉处理下 2009 年和 2010 年的灌水量分别是 41.7 cm 和 36.6 cm。

表 7.2 基于神经网络和水分胁迫的灌溉处理下灌溉量和产量对比

年份(年)	基于水分胁迫		基于神经网络(MAD=0.65)	
	I (cm)	Y (kg·ha^{-1})	I (cm)	Y (kg·ha^{-1})
2008	31.9	10 325	29.1 (−9%)	9 610 (−7%)
2009	34.5	10 355	39.6 (+15%)	10 334 (−0.2%)
2010	34.0	8 713	37.1 (+9%)	8 653 (−0.7%)

图 7.8 中展示的 NN 方法虽然可以接受,但也表现出由于误差累积造成的灌溉性能的不确定,以及土壤含水量预测在较低值上较大的误差(标记的①~⑤)。为提高灌溉性能,需要一个鲁棒性能更好的 NN 模型。为此,采用神经网络集成模型预测的土壤含水量进行灌溉决策,得到的灌溉决策结果如图 7.9(*MAD*=0.65)和表 7.3 所示。

采用 10 个随机初始化的神经网络模型进行集成,集成方法的决策结果与基于水分胁迫方法的结果就总灌水量和产量方面,2008 年和 2010 年的测试结果相近,但在 2009 年这两方面同时降低;由图 7.9 可知,2008 年和 2010 年以及 2009 年大部分时间,集成模型预测的土壤含水量变化与 RZWQM2 模型模拟的变化更加相似,除了在 2009 年中标记的⑥和⑦,造成了灌溉的延迟并降低了产量。

即使采用了神经网络集成,也未必能保证在根系土壤含水量较低时进行准确预测,这与神经网络模型的鲁棒性能有关。测试中,仅采用了 3 年田间试验的数据构建训练样本集,共计 363 个耗水子模型训练样本和 164 个补水子模型训练样本,所以构建的模型在某些环境条件下(如低土壤含水量时)较低的预测精度是可以理解的。为避免在低土壤含水量时预测精度低的缺陷对灌溉决策性能的影响,可提高触发灌溉的土壤含水率下限,将 *MAD* 设置为 0.6,

其结果列于表 7.3 中。此时,基于神经网络集成模型的灌溉决策方法相比基于 RZWQM2 水分胁迫的方法在 2008 年和 2009 年分别增加了总灌水量 16% 和 12%,但相比田间灌溉处理使用的 45.9 cm(2008 年)和 41.7 cm(2009 年),集成模型的决策结果减少了 20%和 7%的灌水量。

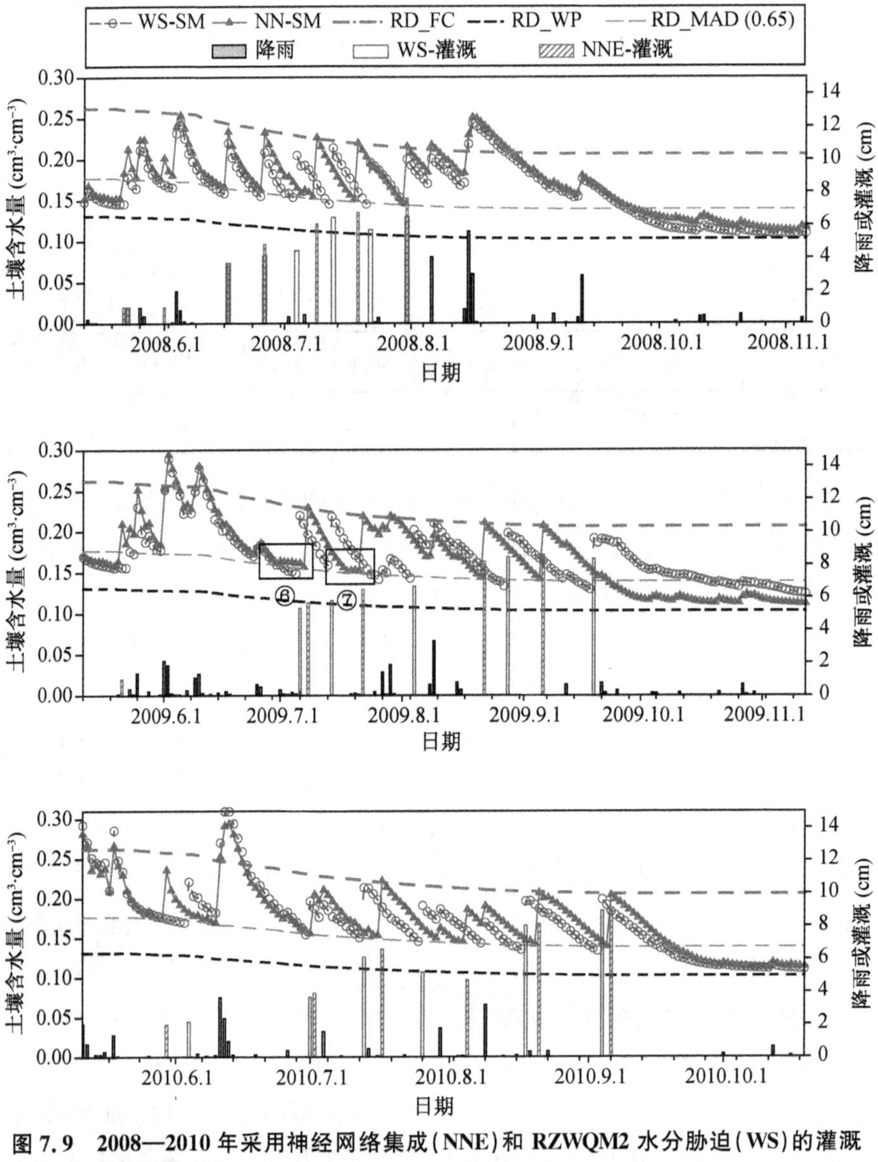

图 7.9　2008—2010 年采用神经网络集成(NNE)和 RZWQM2 水分胁迫(WS)的灌溉决策结果对比

注:WS-SM 和 NN-SM 分别为水分胁迫方法和神经网络方法下土壤含水量,RD_FC、RD_WP 和 RD_MAD 依次为根系深度田持、凋萎点含水量和 *MAD* 定义的下限含水量。

表 7.3　基于神经网络集成和水分胁迫的灌溉处理下灌溉量和产量对比

年份（年）	基于水分胁迫		基于神经网络集成（MAD=0.65）		基于神经网络集成（MAD=0.6）	
	I (cm)	Y $(kg \cdot ha^{-1})$	I (cm)	Y $(kg \cdot ha^{-1})$	I (cm)	Y $(kg \cdot ha^{-1})$
2008	31.9	10 325	32.0（+0.3%）	10 242（−0.8%）	36.9（+16%）	10 096（−2%）
2009	34.5	10 355	29.9（−13%）	9 442（−9%）	38.6（+12%）	10 359（+0.0%）
2010	34.0	8 713	34.2（+0.6%）	8 524（−2%）	33.9（−0.3%）	8 684（−0.3%）

通过适当的调整测试，采用神经网络或其集成方法可得到较优的灌溉决策，虽然可能达不到基于 RZWQM2 水分胁迫方法的性能，但要优于基于 ET 和水量平衡的方法。总体而言，基于神经网络的灌溉决策效果还可以接受，相比原田间灌溉处理下的耗水量而言，该方法也能达到节水并保持产量的效果。基于神经网络方法的实施，依赖于校准的 RZWQM2 模型实现对土壤含水量的准确预测，进而进行灌溉决策。然而，针对某个田块训练的神经网络模型或其集成模型只能在该地适用，且模型输出的土壤含水量预测值仅代表这块地的平均水分状况，由此决策的灌水量也是对于整块田的平均灌水量。若要考虑田间变异性，就需要不同地点的训练数据。庆幸的是，由于我们采用了简单结构的神经网络模型，其移植和可重复性较好，在针对其他田块进行训练时，可不需要对模型结构进行调整。同样的，针对不同作物的情形，只要提供足够的训练数据也可以较快地进行训练。也正因为有 RZWQM2 这样的农业过程模型，可以产生更多的训练样本提供给神经网络模型进行训练，从而进一步提高神经网络方法对土壤含水量的模拟准确性。与采用 RZWQM2 水分胁迫方法一样，基于神经网络的灌溉决策方法也需要田间试验的验证，需要后续进一步的研究工作。

7.4　本章小结

鉴于 RZWQM2 模型在模拟土壤含水量方面的准确性和土壤含水量对灌溉决策的本质作用，本章采用神经网络学习 RZWQM2 模型在不同气象和根系深度时土壤含水量的变化，从而实现基于神经网络的灌溉决策，具体如下：

(1) 建立了耗水子模型和补水子模型,分别学习和预测 7 个深度的土壤层含水率在耗水过程和补水过程中的变化,训练和测试样本分别由 2008—2010 年基于 ET 和水量平衡的田间灌溉处理方案和基于水分胁迫灌溉处理方案下 RZWQM2 模拟值提供。实验证明,神经网络可以较好地模拟不同层土壤含水率在气象(包括降雨)和灌溉条件下的变化,并由此准确计算根系深度土壤含水率的变化。

(2) 采用训练的神经网络模型和类似基于 RZWQM2 水分胁迫的灌溉决策方法对 2008—2010 年美国 Colorado 试验田进行了测试,设置土壤含水率下限为 $\theta_{fc} - MAD \times (\theta_{fc} - \theta_{wp})$ 时触发灌溉,并添加灌水量至田持,考虑未来 4 d降雨量并设置最小灌溉量为 1 cm。测试结果表明,通过适当的调整,基于神经网络的灌溉决策方法总体上可以使用较少的灌水量并保持产量,虽不能完全达到基于 RZWQM2 水分胁迫方法的灌溉效果,但比基于 ET 和水量平衡的田间灌溉决策效果要好。

(3) 受到训练样本数的限制,在土壤含水量较低时神经网络的预测误差增大,同时受到用于触发灌溉的含水量设定的影响,基于神经网络方法的灌溉时间与基于水分胁迫方法的结果有所偏差,灌溉量和产量也稍有变化。通过 RZWQM2 模型模拟不同灌溉方案下的土壤含水率,增加训练样本数量和不同情况的覆盖率,神经网络模型还有进一步提高预测准确性的空间,从而实现更好的灌溉决策。

参考文献

[1] ALEXANDRATOS N, BRUINSMA J. World agriculture towards 2030/2050: the 2012 revision[R]. FAO, Rome: ESA Working paper, 2012.

[2] WALKER W R. Guidelines for designing and evaluating surface irrigation systems [M]. FAO, Rome, 1989.

[3] FAO I. Overview paper: irrigation management transfer, sharing lessons from global experience [C]. International E-mail Conference on Irrigation Management Transfer, 2001.

[4] FERNÁNDEZ J E, CUEVAS M V. Irrigation scheduling from stem diameter variations: a review[J]. Agricultural and Forest Meteorology, 2010, 150(2): 135-151.

[5] BAZZANI G M. An integrated decision support system for irrigation and water policy design: DSIRR[J]. Environmental Modelling & Software, 2005, 20(2): 153-163.

[6] 孙景生，康绍忠. 我国水资源利用现状与节水灌溉发展对策[J]. 农业工程学报，2000，16(2)：1-5.

[7] 张同辉. 我国水资源利用现状与节水灌溉发展对策[J]. 经济管理，2016(8):194.

[8] ZHANG N, WANG M, WANG N. Precision agriculture—a worldwide overview [J]. Computers and Electronics in Agriculture, 2002, 36(2-3): 113-132.

[9] 刘大江，封金祥. 精准灌溉及其前景分析[J]. 节水灌溉，2006(1)：43-44.

[10] 袁寿其，李红，施卫东. 新型喷灌装备设计理论与技术[M]. 北京：机械工业出版社，2011.

[11] 康绍忠，李永杰. 21世纪我国节水农业发展趋势及其对策[J]. 农业工程学报，1997，13(4)：1-7.

[12] 吴普特，冯浩，牛文全，等. 现代节水农业技术发展趋势与未来研发重点[J]. 中国工程科学，2007，9(2)：12-18.

[13] 孙锡铭，刘妍，袁湘月，等. 节水灌溉设备研究现状[J]. 林业机械与木工设备，2014，42(3)：11-14.

[14] 康绍忠，蔡焕杰，冯绍元. 现代农业与生态节水的技术创新与未来研究重点[J]. 农业工程学报，2004，20(1)：1-6.

[15] 吴景社，李久生，李英能，等. 21 世纪节水农业中的高新技术重点研究领域[J]. 农业工程学报，2000，16(1)：9-13.

[16] 张兵，袁寿其，成立. 节水灌溉自动化技术的发展及趋势[J]. 排灌机械，2003，21(2)：37-41.

[17] 吴普特，冯浩. 中国节水农业发展战略初探[J]. 农业工程学报，2005，21(6)：152-157.

[18] ALVAREZ J F O，DE JUAN VALERO J A，MARTÍN-BENITO J M T，et al. MOPECO：an economic optimization model for irrigation water management[C]. Irrigation Science，2004，23(2)：61-75.

[19] STEWART J I，HAGAN R M，PRUITT W O，et al. Optimizing crop production through control of water and salinity levels in the soil[R]. Utah Water Research Laboratory，1977.

[20] GARCÍA-VILA M，FERERES E. Combining the simulation crop model AquaCrop with an economic model for the optimization of irrigation management at farm level [J]. European Journal of Agronomy，2012，36(1)：21-31.

[21] STEDUTO P，HSIAO T C，RAES D，et al. AquaCrop—the FAO crop model to simulate yield response to water：Ⅰ. Concepts and underlying principles[J]. Agronomy Journal，2009，101(3)：426-437.

[22] MORANKAR D V，SRINIVASA RAJU K，VASAN A，et al. Fuzzy multiobjective irrigation planning using particle swarm optimization[J]. Journal of Water Resources Planning and Management，2016，142(8)：05016004.

[23] 张兵. 作物精量灌溉智能决策系统研究[D]. 镇江：江苏大学，2006.

[24] 张兵，袁寿其，李红，等. 基于最优保留策略遗传算法的玉米小麦优化灌溉模型研究[J]. 农业工程学报，2005，21(7)：25-29.

[25] 张兵，袁寿其，李红，等. 基于遗传算法求解的冬小麦优化灌溉产量模型研究[J]. 农业工程学报，2006，22(8)：12-15.

[26] 罗金耀. 节水灌溉理论与技术[M]. 武汉：武汉大学出版社，2003.

[27] 张育斌，魏正英，张磊，等. 非充分灌溉下精量灌溉决策方法研究[J]. 现代电子技术，2017，40(1)：115-118.

[28] ALLEN R G，PEREIRA L S，RAES D，et al. Crop evapotranspiration—guidelines for computing crop water requirements—FAO Irrigation and drainage paper No. 56

[J]. FAO, Rome, 1998, 300(9): D05109.

[29] HUFFMAN R L. Soil and water conservation engineering [M]. St. Joseph, Michigan: American Society of Agricultural and Biological Engineers, 2013.

[30] 杨世凤，王建新，周建军，等. 基于变量灌溉数学模型的决策支持系统研究[J]. 农业工程学报，2005，21(11):29-32.

[31] 陈智芳，宋妮，王景雷. 节水灌溉管理与决策支持系统[J]. 农业工程学报，2009，25(s2):1-6.

[32] 谭君位，崔远来，张培青. 实时灌溉预报与灌溉用水决策支持系统研究与应用[J]. 中国农村水利水电，2015(7):1-4.

[33] 顾巍，杨琳，李泰来. 基于实时气象信息的灌溉决策支持系统研究[J]. 节水灌溉，2017(2):103-105.

[34] 杨宝祝，赵春江，孙想，等. 节水灌溉专家决策系统的研究与应用[J]. 节水灌溉，2002(2):17-19.

[35] Ahuja L R, Rojas K W, Hanson J D, et al. The root zone water quality model[M]. Highlands Ranch, CO.: Water Resources Publications, 2000.

[36] AHUJA L R, MA L, LASCANO R J, et al. Syntheses of the current model applications for managing water and needs for experimental data and model improvements to enhance these applications[J]. Advances in Agricultural Systems Modeling, 2014,5:399-438.

[37] MA L, TROUT T J, AHUJA L R, et al. Calibrating RZWQM2 model for maize responses to deficit irrigation[J]. Agricultural Water Management, 2012, 103(1): 140-149.

[38] FANG Q, MA L, YU Q, et al. Irrigation strategies to improve the water use efficiency of wheat-maize double cropping systems in North China Plain [J]. Agricultural Water Management, 2010, 97(8):1165-1174.

[39] SASEENDRAN S A, AHUJA L R, MA L, et al. Modeling for best management of the effects of irrigation frequencies, initial water, and nitrogen on corn[J]. Advances in Agricultural Systems Modeling, 2014,5: 25-52.

[40] MAIER N, DIETRICH J. Using SWAT for strategic planning of basin scale irrigation control policies: a case study from a humid region in northern Germany[J]. Water Resources Management, 2016, 30(9): 3285-3298.

[41] LINKER R, IOSLOVICH I, SYLAIOS G, et al. Optimal model-based deficit irrigation scheduling using AquaCrop: a simulation study with cotton, potato and tomato[J]. Agricultural Water Management, 2016, 163: 236-243.

[42] BAUER P J, STONE K C, BUSSCHE W J, et al. Site-specific irrigation of peanuts

on a coastal plain field[C]. Proceedings of the 9th International Conference on Precision Agriculture, Denver, CO, July 20-23. 2008: 222.

[43] LAMB M C, SORENSEN R B, NUTI R C, et al. Agronomic and economic effect of irrigation rate in cotton[J]. Crop Forage & Turfgrass Management, 2015, 1(1).

[44] STONE K C, BAUER P J, BUSSCHER W J, et al. Variable-rate irrigation management using an expert system in the eastern coastal plain[J]. Irrigation Science, 2015, 33(3): 167-175.

[45] VELLIDIS G, TUCKER M, PERRY C, et al. A soil moisture sensor-based variable rate irrigation scheduling system // Precision Agriculture'13[M]. JV STAFFORD ed. Wageningen, The Netherlands: Wageningen Academic Publishers, 2013.

[46] USDA-ARS, National Peanut Research Laboratory. Available water content calculation[R]. http://irrigatorpro.org/trac/wiki/Calculations, 2017-12-18.

[47] USDA-ARS, National Peanut Research Laboratory. IrrigatorPro description[R]. http://irrigatorpro.org/farm/, 2017-4-19.

[48] MIGLIACCIO KW, DEBASTIANI ANDREIS J H, FRAISSE C, et al. Smart irrigation apps: urban turf[R]. University of Florida IFAS Extension, 2013. http://edis.ifas.ufl.edu/pdffiles/AE/AE49900.

[49] VELLIDIS G, LIAKOS V, PERRY C, et al. A smartphone app for scheduling irrigation on cotton[C]. Proceedings of the 2014 Beltwide Cotton Conference, New Orleans, LA, 6-8 January 2014, National Cotton Council, Memphis, TN. 2014.

[50] VELLIDIS G, LIAKOS V, TUCKER M, et al. A smartphone app for precision irrigation scheduling in cotton // Precision agriculture'15[M]. JV STAFFORD ed. Wageningen, The Netherlands: Wageningen Academic Publishers, 2015: 701-708.

[51] VELLIDIS G, LIAKOS V, ANDREIS J H, et al. Development and assessment of a smartphone application for irrigation scheduling in cotton[J]. Computers & Electronics in Agriculture, 2016, 127: 249-259.

[52] VELLIDIS G, LIAKOS V, PERRY C, et al. Irrigation scheduling for cotton using soil moisture sensors, smartphone apps, and traditional methods[C]. Proceedings of the 2016 Beltwide Cotton Conference, New Orleans, LA. National Cotton Council Memphis, TN, 2016: 16779, 772-780.

[53] MIGLIACCIO K W, MORGAN K T, VELLIDIS G, et al. Smartphone apps for irrigation scheduling[J]. Transactions of the ASABE, 2016, 59(1): 291-301.

[54] HESS T. A microcomputer scheduling program for supplementary irrigation[J]. Computers and Electronics in Agriculture, 1996, 15(3):233-243.

[55] LEIB B G, ELLIOTT T V, MATTHEWS G. WISE: a web-linked and producer

oriented program for irrigation scheduling [J]. Computers and Electronics in Agriculture, 2001, 33(1): 1-6.

[56] THYSEN I, DETLEFSEN N K. Online decision support for irrigation for farmers [J]. Agricultural Water Management, 2006, 86(3): 269-276.

[57] CHAUHAN Y S, WRIGHT G C, Holzworth D, et al. AQUAMAN: a web-based decision support system for irrigation scheduling in peanuts[J]. Irrigation Science, 2013, 31(3): 271-283.

[58] BARTLETT A C, ANDALES A A, ARABI M, et al. A smartphone app to extend use of a cloud-based irrigation scheduling tool[J]. Computers and Electronics in Agriculture, 2015, 111: 127-130.

[59] PEREA R G, GARCÍA I F, ARROYO M M, et al. Multiplatform application for precision irrigation scheduling in strawberries[J]. Agricultural Water Management, 2017, 183: 194-201.

[60] CAR N J, CHRISTEN E W, HORNBUCKLE J W, et al. Using a mobile phone Short Messaging Service (SMS) for irrigation scheduling in Australia-Farmers' participation and utility evaluation[J]. Computers and Electronics in Agriculture, 2012, 84: 132-143.

[61] DUKES M D. Water conservation potential of landscape irrigation smart controllers [J]. Transactions of the ASABE, 2012, 55(2): 563-569.

[62] DEVITT D A, CARSTENSEN K, MORRIS R L. Residential water savings associated with satellite-based ET irrigation controllers[J]. Journal of Irrigation and Drainage Engineering, 2008, 134(1): 74-82.

[63] DAVIS S L, DUKES M D, MILLER G L. Landscape irrigation by evapotranspiration-based irrigation controllers under dry conditions in Southwest Florida[J]. Agricultural Water Management, 2009, 96(12): 1828-1836.

[64] GNECCHI J A G, PATIÑO A M, PARAMO F L, et al. Investigation of wetting front propagation dynamics using soil impedance measurements: implications for modelling and irrigation scheduling[J]. Water Resources Management, 2015, 29(1): 197-210.

[65] NEMALI K S, VAN LERSEL M W. An automated system for controlling drought stress and irrigation in potted plants[J]. Scientia Horticulturae, 2006, 110(3): 292-297.

[66] HAULE J, MICHAEL K. Deployment of wireless sensor networks (WSN) in automated irrigation management and scheduling systems: a review[C]. 2014 Pan African Conference on Science, Computing and Telecommunications (PACT), 14-18

July 2014, Arusha, Tanzania. 2014: 86-91.

[67] VELLIDIS G, TUCKER M, PERRY C, et al. A real-time wireless smart sensor array for scheduling irrigation[J]. Computers and Electronics in Agriculture, 2008, 61(1): 44-50.

[68] CARDENAS-LAILHACAR B, DUKES M D. Precision of soil moisture sensor irrigation controllers under field conditions[J]. Agricultural Water Management, 2010, 97(5): 666-672.

[69] MCCREADY M S, DUKES M D, MILLER G L. Water conservation potential of smart irrigation controllers on St. Augustinegrass [J]. Agricultural Water Management, 2009, 96(11): 1623-1632.

[70] MCCREADY M S, DUKES M D. Landscape irrigation scheduling efficiency and adequacy by various control technologies [J]. Agricultural Water Management, 2011, 98(4): 697-704.

[71] 张洋，韩文霆. 作物灌水量决策支持系统开发[J]. 农机化研究，2011，33(2)：147-149.

[72] PERRY C, POCKNEE S. Precision pivot irrigation controls to optimize water application [C]. Understanding & Addressing conservation and recycled water irrigation, the Proceedings of the 2003 Irrigation Association Meeting. San Diego, CA. 2003: 86-92.

[73] MOORE S, HAN Y J, KHALILIAN A, et al. Instrumentation for variable-rate lateral irrigation system [C]. 2005 ASAE Annual Meeting. American Society of Agricultural and Biological Engineers, 2005: 052184.

[74] HAN Y J, KHALILIAN A, OWINO T O, et al. Development of Clemson variable-rate lateral irrigation system[J]. Computers and Electronics in Agriculture, 2009, 68(1): 108-113.

[75] PETERS R T, EVETT S R. Automation of a center pivot using the temperature-time-threshold method of irrigation scheduling[J]. Journal of Irrigation and Drainage Engineering, 2008, 134(3): 286-291.

[76] MCCARTHY A C. Improved irrigation of cotton via real-time, adaptive control of large mobile irrigation machines [D]. Toowoomba, Queensland, Australia: University of Southern Queensland, 2010.

[77] MCCARTHY A C, HANCOCK N H, RAINE S R. VARIwise: a general-purpose adaptive control simulation framework for spatially and temporally varied irrigation at sub-field scale [J]. Computers and Electronics in Agriculture, 2010, 70 (1): 117-128.

[78] MCCARTHY A, HANCOCK N, RAINE S. Holistic control system design for large mobile irrigation machines [M]. Machine Vision and Mechatronics in Practice. Springer, Berlin, Heidelberg, 2015: 177-184.

[79] DONG X, VURAN M C, IRMAK S. Autonomous precision agriculture through integration of wireless underground sensor networks with center pivot irrigation systems[J]. Ad Hoc Networks, 2013, 11(7): 1975-1987.

[80] MIRANDA F R, YODER R E, WILKERSON J B, et al. An autonomous controller for site-specific management of fixed irrigation systems [J]. Computers and Electronics in Agriculture, 2005, 48(3): 183-197.

[81] GUTIÉRREZ J, VILLA-MEDINA J F, NIETO-GARIBAY A, et al. Automated irrigation system using a wireless sensor network and GPRS module [J]. IEEE Transactions on Instrumentation and Measurement, 2014, 63(1): 166-176.

[82] 安云飞，杨青，杨术明，等. 一种田间信息无线远程传输系统的设计[J]. 农机化研究，2007 (11): 122-124.

[83] 徐更琪，吴普特，韩文霆. 作物需水信息实时监测与无线远程传输系统[J]. 农机化研究，2010 (2): 162-165.

[84] 张增林，韩文霆. 自动化控制在节水灌溉系统中的应用[J]. 节水灌溉，2012 (10): 65-68.

[85] 江明，陈其工，晏行芳. 基于模糊控制的精确灌溉系统[J]. 农业工程学报，2005, 21(10): 17-20.

[86] 裘正军，童晓星，沈杰辉，等. 基于模糊控制与虚拟仪器的灌溉决策系统研究[J]. 农业工程学报，2007, 23(8): 165-169.

[87] 张伟，何勇，裘正军，等. 基于无线传感网络与模糊控制的精细灌溉系统设计[J]. 农业工程学报，2009, 25(2): 7-12.

[88] 郎需强. 基于 ZigBee 和 GPRS 的远程果园智能灌溉系统的设计与实现[D]. 泰安：山东农业大学，2011.

[89] 张观山，束怀瑞，高东升，等. 基于 ZigBee 和 GPRS 的远程果园智能灌溉系统的设计与实现[J]. 山东农业大学学报(自然科学版) 2012 (3): 377-380.

[90] 张增林，党革荣，郁晓庆，等. 基于无线传感器网络的节水灌溉远程监控系统[J]. 节水灌溉，2012(3): 75-78.

[91] 郁晓庆，吴普特，韩文霆，等. 基于无线传感器网络的农田灌溉远程监控系统[J]. 排灌机械工程学报，2013, 31(1): 66-69.

[92] 胡振方. 基于热红外成像技术的自走式实时变量灌溉机的设计与试验研究[D]. 北京：中国农业大学，2014.

[93] 佘国雄，王卫星，谢家兴，等. 基于物联网的荔枝园信息获取与智能灌溉专家决策系

统[J]. 农业工程学报，2016，32(20):144-152.

[94] GU Z, QI Z, MA L, et al. Development of an irrigation scheduling software based on model predicted crop water stress[J]. Computers and Electronics in Agriculture, 2017, 143: 208-221.

[95] GU Z, QI Z, MA L, et al. Water stress based deficit irrigation scheduling using RZWQM2 model for maize in Colorado[C]. 2017 ASABE Annual International Meeting. Spokane, WA, United States, July 16-19, 2017.

[96] LIU C, QI Z, GU Z, et al. Optimizing irrigation rates for cotton production in an extremely arid area using RZWQM2-simulated water stress[J]. Transactions of the ASABE, 2017, 60(6):2041-2052.

[97] GU Z, QI Z, BURGHATE R, et al. Irrigation scheduling approaches and applications: a review[J]. Journal of Irrigation and Drainage Engineering, 2020, 146 (6): 04020007.

[98] HUNSAKER D J, FRENCH A N, WALLER P M, et al. Comparison of traditional and ET-based irrigation scheduling of surface-irrigated cotton in the arid southwestern USA[J]. Agricultural Water Management, 2015, 159: 209-224.

[99] GOWDA P H, CHAVEZ J L, COLAIZZI P D, et al. ET mapping for agricultural water management: present status and challenges[J]. Irrigation Science, 2008, 26 (3): 223-237.

[100] GLENN E P, HUETE A R, NAGLER P L, et al. Integrating remote sensing and ground methods to estimate evapotranspiration [J]. Critical Reviews in Plant Sciences, 2007, 26 (3): 139-168.

[101] PEREIRA L S, ALLENR G, SMITH M, et al. Crop evapotranspiration estimation with FAO56: Past and future[J]. Agricultural Water Management, 2015, 147: 4-20.

[102] LOPEZ-URREA R, DE SANTA OLALLA F M, MONTORO A, et al. Single and dual crop coefficients and water requirements for onion (Allium cepa L.) under semiarid conditions[J]. Agricultural Water Management, 2009, 96 (6): 1031-1036.

[103] DAVIS S L, DUKES M D. Irrigation scheduling performance by evapotranspiration-based controllers[J]. Agricultural Water Management, 2010, 98(1): 19-28.

[104] GRABOW G L, GHALI I E, HUFFMAN R L, et al. Water application efficiency and adequacy of ET-based and soil moisture-based irrigation controllers for turfgrass irrigation[J]. Journal of Irrigation and Drainage Engineering, 2013, 139 (2): 113-123.

[105] HALEY M B, DUKES M D. Validation of landscape irrigation reduction with soil

moisture sensor irrigation controllers [J]. Journal of Irrigation and Drainage Engineering, 2012, 138(2): 135-144.

[106] MIGLIACCIO K W, SCHAFFER B, CRANE J H, et al. Plant response to evapotranspiration and soil water sensor irrigation scheduling methods for papaya production in south Florida[J]. Agricultural Water Management, 2010, 97(10): 1452-1460.

[107] VIANI F. Experimental validation of a wireless system for the irrigation management in smart farming applications[J]. Microwave & Optical Technology Letters, 2016, 58(9): 2186-2189.

[108] ZOTARELLI L, DUKES M D, SCHOLBERG J M S, et al. Irrigation scheduling for green bell peppers using capacitance soil moisture sensors [J]. Journal of Irrigation and Drainage Engineering, 2010, 137(2): 73-81.

[109] HOPPULA K I, SALO T J. Tensiometer-based irrigation scheduling in perennial strawberry cultivation[J]. Irrigation Science, 2007, 25(4): 401-409.

[110] THOMPSON R B, GALLARDO M, VALDEZ L C, et al. Using plant water status to define threshold values for irrigation management of vegetable crops using soil moisture sensors[J]. Agricultural Water Management, 2007, 88(1-3): 147-158.

[111] WANG J, HUANG G, LI J, et al. Effect of soil moisture-based furrow irrigation scheduling on melon (Cucumis melo L.) yield and quality in an arid region of Northwest China[J]. Agricultural Water Management, 2017, 179: 167-176.

[112] THOMPSON R B, GALLARDO M, VALDEZ L C, et al. Determination of lower limits for irrigation management using in situ assessments of apparent crop water uptake made with volumetric soil water content sensors[J]. Agricultural Water Management, 2007, 92(1-2): 13-28.

[113] HEDLEY C B, YULE I J. A method for spatial prediction of daily soil water status for precise irrigation scheduling[J]. Agricultural Water Management, 2009, 96(12): 1737-1745.

[114] HEDLEY C B, ROUDIER P, YULE I J, et al. Soil water status and water table depth modelling using electromagnetic surveys for precision irrigation scheduling [J]. Geoderma, 2013, 199: 22-29.

[115] STIRZAKER R J, MAEKO T C, ANNANDALE J G, et al. Scheduling irrigation from wetting front depth [J]. Agricultural Water Management, 2017, 179: 306-313.

[116] EVETT S, SCHWARTZ R C, MAZAHRIH N T, et al. Soil water sensors for irrigation scheduling: can they deliver a management allowed depletion? [J]. Acta

Horticulturae,2011,888 (26): 231-237.

[117] JONES H G. Irrigation scheduling: advantages and pitfalls of plant-based methods [J]. Journal of Experimental Botany, 2004, 55(407): 2427-2436.

[118] PADILLA-DÍAZ C M, RODRIGUEZ-DOMINGUEZ C M, HERNANDEZ-SANTANA V, et al. Scheduling regulated deficit irrigation in a hedgerow olive orchard from leaf turgor pressure related measurements[J]. Agricultural Water Management, 2016, 164: 28-37.

[119] STEPPE K, DE PAUW D J W, LEMEUR R. A step towards new irrigation scheduling strategies using plant-based measurements and mathematical modelling[J]. Irrigation Science, 2008, 26(6): 505-517.

[120] FERNÁNDEZ J, GREEN S, CASPARI H, et al. The use of sap flow measurements for scheduling irrigation in olive, apple and Asian pear trees and in grapevines[J]. Plant Soil, 2008, 305(1-2): 91-104.

[121] O'SHAUGHNESSY S A, EVETT S R. Canopy temperature based system effectively schedules and controls center pivot irrigation of cotton[J]. Agricultural Water Management, 2010, 97(9): 1310-1316.

[122] O'SHAAUGHNESSY S A, EVETT S R, COLAIZZI P D, et al. A crop water stress index and time threshold for automatic irrigation scheduling of grain sorghum [J]. Agricultural Water Management, 2012, 107: 122-132.

[123] O'SHAUGHNESSY S A, EVETT S R, COLAIZZI P D, et al. Using radiation thermography and thermometry to evaluate crop water stress in soybean and cotton [J]. Agricultural Water Management, 2011, 98(10): 1523-1535.

[124] EVETT S R, HOWELL T A, SCHNEIDER A D, et al. Canopy temperature based automatic irrigation control[C]. Proceedings of the International Conference on Evapotranspiration and Irrigation Scheduling. San Antonio, TX: American Society of Agricultural Engineers, 1996: 207-213.

[125] DEJONGE K C, TAGHVAEIAR S, TROUT T J, et al. Comparison of canopy temperature-based water stress indices for maize [J]. Agricultural Water Management, 2015, 156: 51-62.

[126] EMEKLI Y, BASTUG R, BUYUKTAS D, et al. Evaluation of a crop water stress index for irrigation scheduling of Bermuda Grass [J]. Agricultural Water Management, 2007, 90(3): 205-212.

[127] OSROOSH Y, PETERS R T, CAMPBELL C S, et al. Comparison of irrigation automation algorithms for drip-irrigated apple trees[J]. Computers & Electronics in Agriculture, 2016, 128: 87-99.

[128] OSROOSH Y, PETERS R T, CAMPBELL C S, et al. Automatic irrigation scheduling of apple trees using theoretical crop water stress index with an innovative dynamic threshold[J]. Computers and Electronics in Agriculture, 2015, 118: 193-203.

[129] BELLVERT J, ZARCO-TEJADA P J, MARSAL J, et al. Vineyard irrigation scheduling based on airborne thermal imagery and water potential thresholds[J]. Australian Journal of Grape and Wine Research, 2016, 22(2): 307-315.

[130] CLAWSON K L, BLAD B L. Infrared thermometry for scheduling irrigation of corn [J]. Agronomy Journal, 1982, 74(2): 311-316.

[131] CLAWSON K, JACKSON R, PINTER P. Evaluating plant water stress with canopy temperature differences[J]. Agronomy Journal, 1989, 81(6): 858-863.

[132] GARDNER B, BLAD B, WATTS D. Plant and air temperatures in differentially-irrigated corn[J]. Agricultural Meteorology, 1981, 25: 207-217.

[133] JACKSON R D, IDSO S B, REGINATO R J, et al. Canopy temperature as a crop water stress indicator[J]. Water Resources Research, 1981, 17(4): 1133-1138.

[134] YUAN G, LUO Y, SUN X, et al. Evaluation of a crop water stress index for detecting water stress in winter wheat in the North China Plain[J]. Agricultural Water Management, 2004, 64(1): 29-40.

[135] ALDERFASI A A, NIELSEN D C. Use of crop water stress index for monitoring water status and scheduling irrigation in wheat [J]. Agricultural Water Management, 2001, 47(1): 69-75.

[136] WANJURA D, UPCHURCH D, MAHAN J. Control of irrigation scheduling using temperature-time thresholds [J]. Transactions of the ASAE, 1995, 38 (2): 403-409.

[137] WANJURA D, UPCHURCH D, MAHAN J. Establishing differential irrigation levels using temperature-time thresholds[J]. Applied Engineering in Agriculture, 2004, 20(2): 201-206.

[138] WANJURA D, UPCHURCH D, MAHAN J. Behavior of temperature-based water stress indicators in BIOTIC-controlled irrigation[J]. Irrigation Science, 2006, 24 (4): 223-232.

[139] IDSO S B, JACKSON R D, PINTER Jr P J, et al. Normalizing the stress-degree-day parameter for environmental variability[J]. Agricultural Meteorology, 1981, 24: 45-55.

[140] GONTIA N K, TIWARI K N. Development of crop water stress index of wheat crop for scheduling irrigation using infrared thermometry[J]. Agricultural Water

Management，2008，95(10)：1144-1152.

[141] IDSO S B. Non-water-stressed baselines：a key to measuring and interpreting plant water stress[J]. Agricultural Meteorology，1982，27(1-2)：59-70.

[142] ALVES I，PEREIRA L S. Non-water-stressed baselines for irrigation scheduling with infrared thermometers：a new approach[J]. Irrigation Science，2000，19(2)：101-106.

[143] JACKSON R D，KUSTAS W P，CHOUDHURY B J. A reexamination of the crop water stress index[J]. Irrigation Science，1988，9(4)：309-317.

[144] JONES H G. Use of infrared thermometry for estimation of stomatal conductance as a possible aid to irrigation scheduling[J]. Agricultural and Forest Meteorology，1999，95(3)：139-149.

[145] MÖLLER M，ALCHANATIS V，COHEN Y，et al. Use of thermal and visible imagery for estimating crop water status of irrigated grapevine[J]. Journal of Experimental Botany，2006，58(4)：827-838.

[146] MORAN M S，CLARKE T R，INOUE Y，et al. Estimating crop water deficit using the relation between surface-air temperature and spectral vegetation index[J]. Remote Sensing of Environment，1994，49(3)：246-263.

[147] TILLING A K，O'LEARY G J，FERWERDA J G，et al. Remote sensing of nitrogen and water stress in wheat[J]. Field Crops Research，2007，104(1-3)：77-85.

[148] GARDNER B，BLAD B，GARRITY D，et al. Relationships between crop temperature，grain yield，evapotranspiration and phenological development in two hybrids of moisture stressed sorghum[J]. Irrigation Science，1981，2(4)：213-224.

[149] TAGHVAEIAN S，COMAS L，DEJONGE K C，et al. Conventional and simplified canopy temperature indices predict water stress in sunflower[J]. Agricultural Water Management，2014，144：69-80.

[150] CHEN X，QI Z，GUI D，et al. A model-based real-time decision support system for irrigation scheduling to improve water productivity [J]. Agronomy，2019，9(11)：686.

[151] ARNOLD J G，SRINIVASAN R，MUTTIAH R S，et al. Large area hydrologic modeling and assessment part Ⅰ：model development[J]. Journal of the American Water Resources Association，1998，34(1)：73-89.

[152] NEITSCH S L，ARNOLD J G，KINIRY J R，et al. Soil and water assessment tool theoretical documentation version 2009 [R]. Texas Water Resources Institute，2011.

[153] SUN C, REN L. Assessing crop yield and crop water productivity and optimizing irrigation scheduling of winter wheat and summer maize in the Haihe plain using SWAT model[J]. Hydrological Processes, 2014, 28(4): 2478-2498.

[154] SMITH M. CROPWAT : A computer program for irrigation planning and management [M]. FAO Irrigation and Drainage Paper No. 46. Rome: FAO, 1992.

[155] SAVVA A P, Frenken K. Crop water requirements and irrigation scheduling[M]. Harare: FAO, 2002.

[156] DOORENBOS J, KASSAM A H. Yield response to water[M]. FAO Irrigation and Drainage Paper No. 33. Rome: FAO, 1979.

[157] SMITH M, KIVUMBI D, HENG L K. Use of the FAO CROPWAT model in deficit irrigation studies // Deficit Irrigation Practices[M]. FAO Water Reports No. 22. Rome: FAO Land and Water Development Division, 2002.

[158] FENG Z M, LIU D W, ZHANG Y H. Water requirements and irrigation scheduling of spring maize using GIS and CropWat model in Beijing-Tianjin-Hebei region[J]. Chinese Geographical Science, 2007, 17(1): 56-63.

[159] AUGUSTIN L K, YAGOOB A H, KIRUI W K, et al. Optimal irrigation scheduling for summer maize crop: based on GIS and CROPWAT application in Hetao district; Inner Mongolia Autonomous Region, China[J]. Journal of Biology, Agriculture and Healthcare, 2015, 5(18):95-102.

[160] GEORGE B A, SHENDE S A, RAGHUWANSHI N S. Development and testing of an irrigation scheduling model[J]. Agricultural Water Management, 2000, 46 (2): 121-136.

[161] RAES D, STEDUTO P, HSIAO T C, et al. AquaCrop—the FAO crop model to simulate yield response to water: Ⅱ. Main algorithms and software description[J]. Agronomy Journal, 2009, 101(3): 438-447.

[162] GEERTS S, RAES D, GARCIA M. Using AquaCrop to derive deficit irrigation schedules[J]. Agricultural Water Management, 2010, 98(1): 213-216.

[163] JONES J W, HOOGENBOOM G, PORTER C H, et al. The DSSAT cropping system model[J]. European Journal of Agronomy, 2003, 18(3-4): 235-265.

[164] FLERCHINGER G N, SAXTON K E. Simultaneous heat and water model of a freezing snow-residue-soil system Ⅰ. Theory and development[J]. Transactions of the ASAE, 1989, 32(2): 565-0571.

[165] ABRAHAMSEN P, HANSEN S. Daisy: An open soil-crop-atmosphere system model[J]. Environmental Modelling & Software,2000, 15(3): 313-330.

[166] SEIDEL S J, WERISCH S, BARFUS K, et al. Field evaluation of irrigation

scheduling strategies using a mechanistic crop growth model[J]. Irrigation and Drainage, 2016, 65(2): 214-223.

[167] MANCOSU N, SPANO D, ORANG M, et al. SIMETAW#-a model for agricultural water demand planning[J]. Water Resources Management, 2016, 30(2): 541-557.

[168] LIAKOS V, VELLIDIS G, TUCKER M, et al. A decision support tool for managing precision irrigation with center pivots//Precision agriculture'15 [M]. Wageningen: Wageningen Academic Publishers, 2015: 677-684.

[169] VELLIDIS G, LIAKOS V, PORTER W, et al. A dynamic variable rate irrigation control system[R]. Proceedings of the 13th International Conference on Precision Agriculture, 2016.

[170] LIANG X, LIAKOS V, WENDROTH O, et al. Scheduling irrigation using an approach based on the van Genuchten model[J]. Agricultural Water Management, 2016,176: 170-179.

[171] XU J Z, BAI W H, LI Y W, et al. Modeling rice development and field water balance using AquaCrop model under drying-wetting cycle condition in eastern China [J]. Agricultural Water Management, 2019, 213: 289-297.

[172] LINKER R, KISEKKA I. Model-based deficit irrigation of maize in Kansas[J]. Transactions of the ASABE,2017, 60(6): 2011-2022.

[173] THORP K R, HUNSAKER D J, BRONSON K F, et al. Cotton irrigation scheduling using a crop growth model and FAO-56 methods: field and simulation studies[J]. Transactions of the ASABE, 2017, 60(6): 2023-2039.

[174] SASEENDRAN S A, AHUJA L R, MA L, et al. Enhancing the water stress factors for simulation of corn in RZWQM2[J]. Agronomy Journal, 2014, 106(1): 81-94.

[175] SASEENDRAN S A, TROUT T J, AHUJA L R, et al. Quantifying crop water stress factors from soil water measurements in a limited irrigation experiment[J]. Agricultural Systems, 2015, 137: 191-205.

[176] LOPES S O, FONTES F A C C, PEREIRA R, et al. Optimal control applied to an irrigation planning problem[J]. Mathematical Problems in Engineering, 2016: 1-10.

[177] PARK Y, SHAMMA J S, HARMON T C. A Receding Horizon Control algorithm for adaptive management of soil moisture and chemical levels during irrigation[J]. Environmental Modelling & Software, 2009, 24(9): 1112-1121.

[178] SALEEM S K, DELGODA D K, OOI S K, et al. Model predictive control for real-

time irrigation scheduling [J]. IFAC Proceedings Volumes, 2013, 46(18): 299-304.

[179] DELGODA D, MALANO H, SALEEM S K, et al. Irrigation control based on model predictive control (MPC): formulation of theory and validation using weather forecast data and AQUACROP model[J]. Environmental Modelling & Software, 2016, 78: 40-53.

[180] TSANG S W, JIM C Y. Applying artificial intelligence modeling to optimize green roof irrigation[J]. Energy & Buildings, 2016, 127: 360-369.

[181] NAVARRO-HELLÍN H, MARTÍNEZ-DEL-RINCON J, DOMINGO-MIGUEL R, et al. A decision support system for managing irrigation in agriculture [J]. Computers and Electronics in Agriculture, 2016, 124: 121-131.

[182] NGUYEN D C H, ASCOUGH Ⅱ J C, MAIER H R, et al. Optimization of irrigation scheduling using ant colony algorithms and an advanced cropping system model[J]. Environmental Modelling & Software, 2017, 97: 32-45.

[183] GU Z, ZHU T, JIAO X, et al. Decision support system for irrigation scheduling based on Raspberry-Pi embedded with neural network[C]. 2020 ASABE Annual International Virtual Meeting, 2020, July 12-15, Omaha, Nebraska: 202001004.

[184] HOFFMAN G J, RHOADES J D, LETEY J, et al. Salinity management // Management of farm irrigation systems [M]. HOFFMAN G J, HOWELL T A, SOLOMON K H ed. St. Joseph, MI: American Society of Agricultural Engineers, 1990.

[185] MA L, AHUJA L R, NOLAN B T, et al. Root zone water quality model (RZWQM2): model use, calibration, and validation [J]. Transactions of the ASABE, 2012, 55(4): 1425-1446.

[186] QI Z, MA L, BAUSCH W C, et al. Simulating maize production, water and surface energy balance, canopy temperature, and water stress under full and deficit irrigation[J]. Transactions of the ASABE, 2016, 59(2): 623-633.

[187] MA L, HOOGENBOOM G, AHUJA L R, et al. Development and evaluation of the RZWQM-CROPGRO hybrid model for soybean production [J]. Agronomy Journal, 2005, 97(4): 1172-1182.

[188] MA L, HOOGENBOOM G, AHUJA L R, et al. Evaluation of the RZWQM-CERES-Maize hybrid model for maize production[J]. Agricultural Systems, 2006, 87(3): 274-295.

[189] FANG Q X, MA L, FLERCHINGER G N, et al. Modeling evapotranspiration and energy balance in a wheat-maize cropping system using the revised RZ-SHAW model

[J]. Agricultural and Forest Meteorology, 2014, 194: 218-229.

[190] RITCHIE J T. Soil water balance and plant water stress // TSUJI G Y, HOOGENBOOM G, THORNTON P K. Understanding options for agricultural production [M]. Dordrecht: Springer,1998.

[191] SHUTTLEWORTH W J, WALLACE J S. Evaporation from sparse crops: an energy combination theory [J]. Quarterly Journal of the Royal Meteorological Society,1985, 111:839-855.

[192] HARGREAVES G H, SAMANI Z A. Estimating potential evapotranspiration[J]. Journal of the Irrigation & Drainage Division, 1982, 108(3): 225-230.

[193] TROUT T J, BAUSCH W C. USDA-ARS Colorado maize water productivity data set [J]. Irrigation Science, 2017, 35(3): 241-249.

[194] TROUT T J, DEJONGE K C. Water productivity of maize in the US high plains [J]. Irrigation Science, 2017, 35(3): 251-266.

[195] FERERES E, SORIANO A. Deficit irrigation for reducing agricultural water use [J]. Journal of Experimental Botany, 2007, 58(2): 147-159.

[196] PANIGRAHI P, SHARMA R K, HASAN M, et al. Deficit irrigation scheduling and yield prediction of 'Kinnow' mandarin (Citrus reticulate Blanco) in a semiarid region[J]. Agricultural Water Management, 2014, 140: 48-60.

[197] SENSOY S, ERTEK A, GEDIK I, et al. Irrigation frequency and amount affect yield and quality of field-grown melon (Cucumis melo L.)[J]. Agricultural Water Management, 2007, 88(1-3): 269-274.

[198] SEPASKHAH A R, KAMGAR-HAGHIGHI A A. Water use and yields of sugarbeet grown under every-other-furrow irrigation with different irrigation intervals[J]. Agricultural Water Management, 1997, 34(1): 71-79.

[199] HU X T, CHEN H, WANG J, et al. Effects of soil water content on cotton root growth and distribution under mulched drip irrigation[J]. Agricultural Sciences in China, 2009, 8(6): 709-716.

[200] POPOVA Z, KERCHEVA M. Integrated strategies for maize irrigation and fertilization under water scarcity and environmental pressure in Bulgaria [J]. Irrigation & Drainage, 2004, 53(1): 105-113.

[201] WANG F X, KANG Y, LIU S P. Effects of drip irrigation frequency on soil wetting pattern and potato growth in North China Plain[J]. Agricultural Water Management, 2006, 79(3): 248-264.

[202] 曾凡江，雷加强，张希明. 策勒绿洲——荒漠过渡带环境特征与优势植物适应性[M]. 北京:科学出版社，2010.

[203] LI H, ZENG F, GUI D, et al. Characteristics of soil environment variation in oasis-desert ecotone in the process of oasis growth[C]. International Conference on Computer and Computing Technologies in Agriculture. Springer, Berlin, Heidelberg, 2010: 321-334.

[204] GUI D W, LEI J Q, MU G J, et al. Effects of different management intensities on soil quality of farmland during oasis development in southern Tarim Basin, Xinjiang, China[J]. International Journal of Sustainable Development & World Ecology, 2009, 16(4): 295-301.

[205] FANG Q X, MA L, NIELSEN D C, et al. Quantifying corn yield and water use efficiency under growth stage-based deficit irrigation conditions[M] // Practical Applications of Agricultural System Models to Optimize the Use of Limited Water, 2014: 1-24.

[206] ANAPALLI S S, PETTIGREW W T, REDDY K N, et al. Climate-optimized planting windows for cotton in the lower Mississippi Delta region[J]. Agronomy, 2016, 6(4): 46.

[207] ZHANG B, FENG G, KONG X, et al. Simulating yield potential by irrigation and yield gap of rainfed soybean using APEX model in a humid region[J]. Agricultural Water Management, 2016, 177: 440-453.

[208] ZHANG B, FENG G, READ J J, et al. Simulating soybean productivity under rainfed conditions for major soil types using APEX model in East Central Mississippi [J]. Agricultural Water Management, 2016, 177: 379-391.

[209] KIRDA C. Deficit irrigation scheduling based on plant growth stages showing water stress tolerance[J]. Water Reports(FAO), 2002: 3-10.

[210] STEWART J I, CUENCA R H, PRUITT W O, et al. Determination and utilization of water production functions for principal California crops[R]. W-67 California Contributing Project Report; University of California: Davis, CA, USA, 1977.

[211] BEKELE S, TILAHUN K. Regulated deficit irrigation scheduling of onion in a semiarid region of Ethiopia[J]. Agricultural Water Management, 2007, 89(1-2): 148-152.

[212] DE LA ROSA J M, DOMINGO R, GÓMEZ-MONTIEL J, et al. Implementing deficit irrigation scheduling through plant water stress indicators in early nectarine trees[J]. Agricultural Water Management, 2015, 152: 207-216.

[213] BAKER J T, GITZ D C, STOUT J E, et al. Cotton water use efficiency under two different deficit irrigation scheduling methods[J]. Agronomy, 2015, 5(3):

363-373.

[214] BASHIR M U, WAJID S A, AHMAD A, et al. Potential soil moisture deficit: an alternative approach for irrigation scheduling in wheat[J]. International Journal of Agriculture and Biology, 2016, 18(1): 16-22.

[215] AKHTAR F, TISCHBEIN B, AWAN U K. Optimizing deficit irrigation scheduling under shallow groundwater conditions in lower reaches of Amu Darya River Basin[J]. Water Resources Management, 2013, 27(8): 3165-3178.

[216] 顾哲,袁寿其,齐志明,等. 基于 ET 和水量平衡的日光温室实时精准灌溉决策及控制系统[J]. 农业工程学报,2018,34(23):101-108.

[217] 王克栋, 陈岩. 土壤水分测量技术与墒情监测系统研究[M]. 北京:机械工业出版社, 2011.

[218] 王健, 蔡焕杰, 李红星,等. 日光温室作物蒸发蒸腾量的计算方法研究及其评价[J]. 灌溉排水学报, 2006, 25(6):11-14.

[219] AZOUBEL P M, MURR F E X. Mass transfer kinetics of osmotic dehydration of cherry tomato[J]. Journal of Food Engineering, 2004, 61(3): 291-295.

[220] DELIGIOS P A, COSSU M, MURGIA L, et al. Modeling tomato growth and production in a photovoltaic greenhouse in southern Italy[J]. Acta Horticulturae, 2017(1182):203-210.

[221] NASH J E, SUTCLIFFE J V. River flow forecasting through conceptual models part Ⅰ—a discussion of principles[J]. Journal of Hydrology, 1970, 10(3): 282-290.

[222] WILLMOTT C J. On the validation of models[J]. Physical Geography, 1981, 2(2): 184-194.

[223] MA L, AHUJA L R, SASEENDRAN S A, et al. A protocol for parameterization and calibration of RZWQM2 in field research[J]// Methods of Introducing System Models into Agricultural Research. 2011:1-64.

[224] GU Z, ZHU T T, JIAO X Y, et al. Neural network soil moisture model for irrigation scheduling[J]. Computers and Electronics in Agriculture, 2021, 180:105801.

[225] KAMILARIS A, PRENAFETA-BOLDÚ F X. Deep learning in agriculture: a survey[J]. Computers and Electronics in Agriculture,2018, 147: 70-90.

[226] ASHRAFZADEH A, KISI O, AGHELPOUR P, et al. Comparative study of time series models, support vector machines, and GMDH in forecasting long-term evapotranspiration rates in Northern Iran[J]. Journal of Irrigation and Drainage Engineering, 2020, 146(6): 04020010.

[227] FAN J L, MA X, WU L F, et al. Light gradient boosting machine: an efficient soft computing model for estimating daily reference evapotranspiration with local and external meteorological data[J]. Agricultural Water Management, 2019, 225: 105758.

[228] SONG X D, ZHANG G L, LIU F, et al. Modeling spatio-temporal distribution of soil moisture by deep learning-based cellular automata model[J]. Journal of Arid Land, 2016, 8(5): 734-748.

[229] ADEYEMI O, GROVE I, PEETS S, et al. Dynamic neural network modelling of soil moisture content for predictive irrigation scheduling[J]. Sensors (Basel), 2018, 18: 3408.

[230] GROSSBERG S. Nonlinear neural networks: principles, mechanisms, and architectures[J]. Neural Networks, 1988, 1(1): 17-61.

[231] HORNIK K, STINCHCOMBE M, WHITE H. Multilayer feedforward networks are universal approximators[J]. Neural Networks, 1989, 2(5): 359-366.

[232] NASRABADI N M. Pattern recognition and machine learning[J]. Journal of Electronic Imaging, 2007, 16(4): 049901.

[233] BISHOP C M. Pattern recognition and machine learning (Information science and statistics)[M]. New York: Springer Verlag, 2007.

[234] 周志华. 机器学习[M]. 北京:清华大学出版社, 2016.

[235] 魏海坤. 神经网络结构设计的理论与方法[M]. 北京:国防工业出版社, 2005.

[236] LI J, CHENG J H, SHI J Y, et al. Brief introduction of back propagation (BP) neural network algorithm and its improvement[J] //Advances in Computer Science and Information Engineering[M]. Berlin, Heidelberg: Springer-Verlag, 2012: 553-558.

[237] SCHMIDHUBER J. Discovering neural nets with low Kolmogorov complexity and high generalization capability[J]. Neural Networks, 1997, 10: 857-873.

[238] HANSEN L K, SALAMON P. Neural network ensembles[J]. IEEE Transactions on Pattern Analysis and Machine Intelligence, 1990, 12: 993-1001.